AF842052

Maisch / Fink · **Fossilien präparieren** - Schritt für Schritt

Maisch / Fink

Fossilien präparieren

Schritt für Schritt

2. Auflage

edition
Goldschneck
im Quelle & Meyer Verlag

Dr. Michael W. Maisch
Wieslesweg 7
72461 Albstadt
maisch@uni-tuebingen.de

Werner Fink
Neuweg 48
67697 Otterberg
fink@geopräparation.de

Bibliografische Information der Deutschen Nationalbibliothek
Die Deutsche Nationalbibliothek verzeichnet diese Publikation in der Deutschen Nationalbibliografie; detaillierte bibliografische Daten sind im Internet über http://dnb.d-nb.de abrufbar.

2. Auflage

www.quelle-meyer.de

Alle Fotos stammen von den Autoren
Druck und Verarbeitung: Werbedruck GmbH Horst Schreckhase, Spangenberg
Printed in Germany/Imprimé en Allemagne
ISBN 978-3-494-01717-4

Inhaltsverzeichnis

Vorwort

Die Gestaltung der Freizeit ist heute mehr denn je ein wichtiger Faktor unseres täglichen Lebens, und die Angebote, welche die sich rasend beschleunigende Welt des 21. Jahrhunderts in dieser Hinsicht macht, sind kaum mehr überschaubar. Das Sammeln von Fossilien, der versteinerten Zeugen der Erd- und Lebensgeschichte, ist zwar kein sehr weit verbreitetes und alltägliches Hobby, aber viel spannender und abwechslungsreicher, als es sich der eine oder andere vorstellen kann.

Die Beschäftigung mit Versteinerungen hält den Geist wach, denn knifflige Probleme sind zu lösen. Wie heißt der Ammonit, den ich hier gefunden habe? Wie lege ich eine versteinerte Seelilie am besten frei? Warum ist der Riesenhai *Carcharocles megalodon* vor wenigen Tausend Jahren ausgestorben?

Hinzu kommt die „sportliche Tätigkeit" in Naturaufschlüssen und Steinbrüchen. Ein Fossiliensammler, der fleißig seinem Hobby nachgeht, spürt nach einem anstrengenden Geländetag in der Regel Muskeln, von deren Vorhandensein er zuvor nicht einmal etwas ahnte. Der obligatorische Gang zum Fitnessstudio erübrigt sich weitgehend für diejenigen, die ihre Wochenenden beim Bergen von Fossilien verbringen. Am wichtigsten ist aber wohl, dass selbst das kleinste Fossil, das man vor der Zerstörung durch Verwitterung und Erosion, Baumaschinen und Brecher der Steinbrüche rettet, ein einzigartiges, unwiederbringliches Zeugnis der Vergangenheit ist, eine Urkunde der größten aller Geschichten, ein Jahrmillionen alter Gruß aus der Vergangenheit. Der Sammler, der ein solches Stück entdeckt, ist das erste denkende Wesen, das es nach 10, 100 oder gar 1000 Millionen Jahren zu Gesicht bekommt. Eine faszinierende Vorstellung, die die Begeisterung an dem so exotisch anmutenden Hobby über Jahrzehnte wach halten kann, und damit verbunden eine fast kindliche Neugier und ein ehrfurchtsvolles Staunen – das, was die Engländer den „sense of wonder" nennen.

Der Mensch ist, wie alle höheren Primaten, von Natur aus ein neugieriges Wesen, und so überrascht es nicht, dass schon unsere Altvorderen zur Zeit des Paläolithikums Versteinerungen gesammelt haben, weil sie ihr Interesse erregten oder ihr Empfinden für Ästhetik ansprachen. Natürlich hatte wohl keiner unserer mammutjagenden Vorfahren eine klare Vorstellung davon, was er da gesammelt hatte, aber die Faszination für die Zeugnisse der Urwelt ist unzweifelhaft älter als die frühesten Zivilisationen, älter als die Erfindung von Schrift, Ackerbau und Rad. Und auch heute geschieht es fraglos jeden Tag, dass ein an der Natur interessierter, aber paläontologisch unwissender Zeitgenosse gewissermaßen über Fossilien stolpert – sei es ein Ackerfund, eine Entdeckung beim Strandspaziergang an der Nord- oder Ostsee oder eine Baugrube in der Nähe der heimatlichen Wohnung, die überraschend seltsame Dinge aus dem Untergrund heraufbefördert.

Zur Fossilbestimmung gibt es eine gewaltige, vom Laien (und selbst vom Fachmann) kaum überschaubare Fachliteratur. Der altbewährte „Petrefaktensammler" des großen Eberhard Fraas ist heute wie vor 100 Jahren ein exzellenter Leitfaden für den Anfänger. Die Zeitschrift „Fossilien" veröffentlicht regelmäßig fachkundige Beiträge zu allen Bereichen des Fossiliensammelns und sogar Internetforen haben sich darauf spezialisiert, die Fragen des Sammlers – ob blutiger Anfänger oder altgedienter Spezialist – zu diskutieren und wenn möglich zu beantworten.

Eine große Lücke in der Literatur besteht aber im Zusammenhang mit der Frage: Was sollte ich tun, wenn ich ein Fossil gefunden habe? Wie kann ich es aus seinem steinernen Grab befreien, ohne hinterher mit nichts als einem Scherbenhaufen dazustehen? Wie behandele ich meine Funde richtig, ja, wie sammle ich überhaupt so, dass ich mich später nicht darüber ärgern muss, unwiederbringliche Informationen zu meinen Sammlungsstücken nicht rechtzeitig festgehalten oder bei der Präparation mehr Schaden als Nutzen angerichtet zu haben?

Die wenigen einschlägigen, deutschsprachigen Bücher zum Thema sind heute größtenteils vergriffen und nur noch antiquarisch zu bekommen. Artikel in Fachmagazinen wie dem „Präparator" sind für die meisten Anfänger unter den Sammlern böhmische Dörfer oder sie beschreiben Methoden, die aufwendig und kostspielig sind und die man ohne ein gut eingerichtetes Präparationslabor, wie es nur die großen Naturkundemuseen und Forschungsinstitute besitzen, gar nicht anwenden kann.

Dieses Buch richtet sich bewusst an die oben angesprochenen Strand-, Acker- und Baustellenspaziergänger, die echten Anfänger unter den Fossiliensammlern, denen es nicht genügt, sich ein „Schneckle" in den Garten zu legen (in den meisten Fällen übrigens keine wirklich gute Idee), sondern die wissen möchten, wie sie mit ihrem gefundenen Fossil umgehen und es präparieren sollen, und die vorhaben, das Fossiliensammeln zu ihrem dauerhaften Hobby zu machen. Großer Wert wurde darauf gelegt, nur Methoden zu beschreiben, die mit einem geringen oder zumindest zumutbaren Aufwand an Platz, Geldmitteln und handwerklichem Geschick angewendet werden können. Ein Gang zum Bau- und Supermarkt, ein Hobbykeller oder eine Garage oder auch ein geräumiger Balkon sind in der Regel ausreichend für die hier vorgestellten Präparationstechniken.

Allerdings kann dieses Buch keineswegs die weiterführende Fachliteratur ersetzen und will diesen Anspruch auch gar nicht erheben. Die Leute vom Fach mögen über manche der hier vorgestellten Tricks und Tipps ein wenig schmunzeln oder der Meinung sein, dass man die Arbeit an und mit Fossilien „viel besser machen kann", als es hier beschrieben wird. Bitte, liebe Präparatoren, behaltet beim Lesen im Kopf, dass dies nur ein kleiner Leitfaden für Amateure ist und kein Lehrbuch der Fossilpräparation. Das Wort „Amateur" hat seine Wurzel im lateinischen Verb amare – lieben. Und die Liebe zu den Fossilien ist es, aus der heraus diese Schrift entstanden ist. Ein Gefühl der Verbundenheit mit den Wesen aus unvordenklichen Urzeiten, deren Überreste uns heute zu denken geben und uns kleine Mosaiksteinchen liefern, um das große Bild der Vergangenheit unseres Planeten zu rekonstruieren. Wir hoffen, dass viele Leser dazu angeregt werden, ihr Interesse an und ihre Begeisterung für Fossilien nach der Lektüre nicht ad acta zu legen, sondern zu vertiefen. Die Hobbysammler waren schon immer die „besseren Paläontologen", die eigentlichen Geländefüchse, die die meisten bedeutenden Entdeckungen gemacht haben. Je mehr es davon gibt, die verantwortungsbewusst und vernünftig ihrem Steckenpferd nachgehen, umso besser ist es für die paläontologische Wissenschaft. Dazu soll hier eine kleine Hilfestellung gegeben werden – nicht mehr, aber auch nicht weniger.

Tübingen im Frühjahr 2013

Dr. Michael W. Maisch
Werner Fink

Präparation fängt im Gelände an

Verpackungsmaterial und Notizzettel

Nur wenige Fossilien benötigen überhaupt keine Präparation, so wie diese „Wüstenfunde“, eine große Schnecke aus dem Tertiär von Katar (oben), ein Dinosaurierknochen-Fragment (rechts unten) und ein Stück fossiles Holz (links unten) aus dem Jura von Nordwest-china (Slg. R. & W. Maisch, Metzingen).

Vor Fossilien ist man nie sicher. Auch mir geht es oft so, dass ich überhaupt nicht darauf vorbereitet bin oder überhaupt daran denke, Fossilien zu sammeln. Der habituell zu Boden gerichtete Blick des professionellen Geologen sorgt jedoch immer wieder dafür, dass einzelne Stücke zu ganz unpassenden Gelegenheiten – beispielsweise beim Osterspaziergang im Wald – entdeckt werden und dann im Zweifelsfall, das richtige Format vorausgesetzt, einfach in die Hosentasche wandern.

Wenn man indessen als Sammler mit dem erklärten Ziel, seine Fossiliensammlung zu erweitern, ins Gelände geht, so sollte man natürlich ein wenig besser ausgerüstet sein als mit bloßen Händen und einer verbeulten Gesäßtasche. Dabei gilt: Unterschiedliche Fundstellen verlangen unterschiedliche Ausrüstung. Wer im Posidonienschiefer Süddeutschlands graben möchte und nur mit Geologenhammer und Meißel bewaffnet in den Steinbruch pilgert, der wird schnell sein blaues Wunder erleben. Wer sich ohne schweren Fäustel oder Vorschlaghammer in den Arietenkalk wagt, wird ebenfalls in der Regel nur zuschauen können, wie andere Sammler die herrlichsten „Wagenräder“ davontragen. Haizähne in der Molasse zu sammeln, ohne ein ordentliches Sieb mit einer vernünftigen Maschenweite mitzunehmen, ist ebenfalls eine wenig ersprießliche Aufgabe.

Was also gehört zu der Grundausrüstung, die man im Kofferraum seines Autos und/oder im Rucksack haben sollte? Grundsätzlich immer zwei Dinge. Erstens genügend Verpackungsmaterial. Nichts ist schlimmer, als einen schönen Fund nur in Scherben nach Hause zu bringen, weil man mit Zeitungs- oder Toilettenpapier gegeizt hat. Zweitens etwas zum Schreiben, am besten ein Geländebuch, das stabil und wetterfest ist. Ich habe auf meinen Sammelexkursionen im Laufe der Jahre viele solcher Bücher gefüllt – schnell sind Fundort und Fundschicht notiert, ebenso das Datum. Kleine Skizzen und selbst ein schnell hingekritzeltes stratigrafi-

Solche Aufschlüsse wie hier im Schwarzen Jura des schwäbischen Albvorlandes laden den Fossilienfreund zum Sammeln und Erkunden ein.

Der Autor (M. M.) mit einer zwei Meter langen Brechstange bei der Bergung eines Fischsaurierskeletts.

sches Profil, in dem die Schichtenfolge im Aufschluss und das Auftreten der Fossilien festgehalten werden, können noch nach Jahren wertvolle Informationen liefern. Das Mindeste aber ist ein Notizzettel, auf dem zuallererst der Fundort vermerkt wird. Wie das Fossil heißt und welches die genaue Fundschicht ist, lässt sich im Nachhinein herausfinden oder rekonstruieren. Wenn der Fundort verloren ist, ist alles verloren. Ein solches Fossil hat keinen wissenschaftlichen Wert mehr und kann nur noch als Gartendekoration genutzt werden.

Sagen Sie sich nicht: Wozu das Ganze? Ich kann mir doch merken, wo meine Funde herkommen! Das mag schon richtig sein, solange die Sammlung aus ein paar Dutzend Stücken von ein oder zwei Fundorten besteht. Wie bei jedem Hobby, das die Tätigkeit des Sammelns beinhaltet, tendiert indes auch das Zusammentragen von Versteinerungen dazu, im Laufe der Zeit bedenklich auszuufern. Aus Dutzenden Stücken werden erst Hunderte, dann Tausende. Irgendwann wird die Sammlung unüberschaubar. Stücke, die man nicht gleich präparieren kann, werden in Kartons gepackt und jahrelang im Keller oder auf dem Dachboden vergraben. Die Erinnerung erlischt oder spielt einem Streiche. Nach Jahren wird ein solcher Karton dann geöffnet, darin eine Reihe schöner Ammoniten aus dem Weißen Jura. Und dann stellt sich die bange Frage: Wo habe ich die noch einmal gesammelt? An der Lochen? Oder doch bei Albstadt? Oder war es Salmendingen? Der Notizzettel wird vergeblich gesucht, die Information ist verloren, die Stücke sind wertlos. Kinder in der Verwandtschaft freuen sich in den nächsten Wochen über unerwartete Fossilgeschenke des verrückten Onkels. Das mag überspitzt klingen, ist aber auch mir bereits so ähnlich passiert, obwohl mein Gedächtnis in der Regel ziemlich gut ist.

Neben Verpackungsmaterial – stabile Plastiktüten für kleinere, Obststiegen für größere Stücke, alte Zeitungen zum Einwickeln, Toilettenpapier oder Küchenpapier für empfindlichere Kleinfunde – ist also Schreibmaterial irgendwelcher Art das Wichtigste, das man im Gelände zur Hand haben sollte. Eine Kamera, um einen Schnappschuss der Fundsituation wichtiger oder besonders wertvoller Stücke zu erstellen, kann auch sehr nützlich sein.

Nur selten hat man als Sammler das Glück, dass Fossilien mit einem Hammerschlag perfekt aus dem Gestein herausspringen, so wie dieser schöne Ammonit (*Orthosphinctes*) aus dem Oberen Jura der schwäbischen Alb (Slg. R. & W. Maisch, Metzingen).

Der Estwing-Geologenhammer – das obere Exemplar gehört dem Autor (M. M.) – ist DAS wichtigste Utensil beim Fossiliensammeln.

Hammer und Meißel

An sonstiger Ausrüstung ist natürlich der Geologenhammer unabdingbar. Geologenhämmer gibt es von verschiedenen Firmen, in unterschiedlichen Qualitäts- und Preisstufen. Verschiedene Sammler werden auf verschiedene Modelle schwören. Ich bevorzuge den Hammer der Firma „Estwing" in seiner Standardausführung. In 95 % der Fälle ist er das Mittel der Wahl, egal in welchen Schichten man unterwegs ist. Mein Estwing-Hammer hat mich auf vier Kontinente begleitet und es mit Gesteinen vom frühen Präkambrium bis zum Holozän aufgenommen. Nach über 15 Jahren ist er ein wenig mitgenommen, aber immer noch hervorragend einsatzfähig. Ein solcher Hammer kostet natürlich ein wenig mehr als ein normaler Zimmermannshammer, aber er ist jeden Cent wert und unbedingt zu empfehlen, ob nun von „Estwing" oder einer anderen Firma. Vor allem bieten diese Hämmer auch eine gewisse Sicherheit, denn da sie „aus einem Guss" und hochwertigem Stahl sind, besteht nicht die Gefahr, dass sich der Hammerkopf löst und dieser den nebenan arglos und fleißig grabenden Sammlerkollegen trifft. Solche Dinge sind schon mehr als einmal passiert und sollten im eigenen Interesse tunlichst vermieden werden.

Zu einem Hammer gehört ein guter Meißel, um plattige Gesteine zu spalten oder große Brocken gezielt zu formatieren. Jeder Baumarkt verfügt über ein entsprechendes Sortiment, und für den Anfang sind die dort erhältlichen Meißel ausreichend, auch wenn es weitaus bessere (aber auch teurere) gibt. Bewährt hat sich außerdem ein Spargelstecher, vor allem wenn man des Öfteren in weicheren, tonigmergeligen Gesteinsschichten unterwegs ist, wie beispielsweise im Schwarzen Jura Süddeutschlands oder der norddeutschen Unterkreide. Diesen Tipp habe ich dem Hohenloher „Saurierkönig" Werner Kugler zu verdanken, der mit diesem Werkzeug schon manchen schönen Dachschädellurch aus den weichen Schichten des Lettenkeupers geborgen hat. Ein Messer mit feststellbarer Klinge kann den gleichen Zweck erfüllen, wirkt aber deutlich martialischer und wird in Deutschland nicht so gerne gesehen wie der harmlos-agrarische Spargelstecher.

Ein gutes Sortiment von Schaufeln und Spaten hilft bei der Bergung großer und kleiner Funde ...

Je nachdem ob man nach größeren Fossilien sucht oder richtig graben möchte, sind auch noch andere Utensilien vonnöten. (Bitte immer vor den Grabungen Genehmigungen einholen. Weder Förster noch Bauern sehen es sonderlich gern, wenn sie plötzlich Löcher finden, die tags zuvor nicht da waren. Und Steinbruchbesitzer schätzen es ebenfalls gar nicht, wenn in der Sohle ihres Bruchs unerwartete Vertiefungen auftauchen, in denen dann die teuren Maschinen stecken bleiben.) Ein Klappspaten, wie er bei der Bundeswehr im Einsatz und in jedem Army-Shop erhältlich ist, eignet sich hervorragend, um in weicheren Schichten – Ton, Sand, Kies oder Mergel – zu graben. Eine stabile Schaufel empfiehlt sich, wenn man in plattigen Gesteinen suchen möchte, ebenso wie eine kurze Brechstange („Kuhfuß“). Eine Spitzhacke habe ich nur ganz selten gebraucht, am ehesten in gut verfestigten, mergeligen Sedimenten. Härtere und größere Sandstein- und Kalkbrocken sollte man mit größeren Hämmern bearbeiten. Ein Sammler- und Präparatorenkollege unterschied stets zwischen „Kinder- und Seniorenhammer“ (Geologenhammer), „Überreder“ (Fäustel), „Überzeuger“ (schwerer Fäustel) und „Terminator“ (Vorschlaghammer). Um in dieser eingängigen Terminologie zu bleiben: Ein „Über-

Weitere Ausrüstung

... ebenso wie ein gutes Sortiment von Brechstangen – die größte ist auf Seite 11 im Einsatz zu sehen.

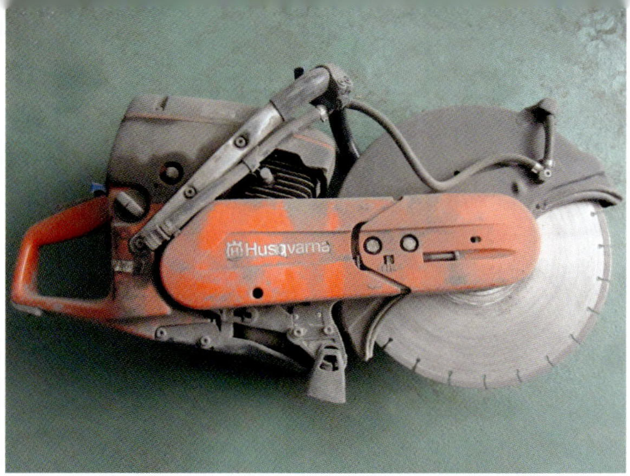

Unverzichtbar bei der Bergung großer Platten oder zum Zerlegen sonst untransportierbarer Blöcke: die benzingetriebene Motorflex.

Unerlässlich für den Gang ins Gelände und die eigene Sicherheit: Schutzhelm, Warnweste, Schutzbrille und (hier schon deutlich mitgenommene) derbe Arbeitshandschuhe.

zeuger" – bitte in vergleichbar guter Qualität wie der Geologenhammer – ist als Ergänzung zum „Kinder- und Seniorenhammer" sehr zu empfehlen. Den Rest habe ich in mehr als 30 Jahren Sammeltätigkeit so gut wie nie gebraucht.

Wer mehr investieren möchte oder sich auch anderweitig gerne handwerklich betätigt, sollte überlegen, ob er sich eine Gesteinssäge in Form einer benzingetriebenen Motorflex anschafft. Oft steht man vor großen Brocken, die zu zerlegen die Mittel fehlen oder wo das Fossil aufs Äußerste gefährdet wäre, wenn man plump mit dem Vorschlaghammer herumklopft. Wer alleine im Gelände unterwegs ist, kommt zudem schnell an die Grenzen seiner körperlichen Leistungsfähigkeit, wenn er es mit entsprechend großen Objekten zu tun hat. Eine Flex ist dabei eine große Hilfe. Gute Geräte kann man – beispielsweise gebraucht bei eBay – für einen verhältnismäßig fairen Preis bekommen. Die Handhabung der Maschine erfordert einige Übung und vor allem auch ein Quäntchen körperliche Kraft. Bevor man sägt, sollte man die Windrichtung prüfen, um sich nicht selbst vollständig einzustauben. Eine Atemschutzmaske ist hierbei Pflicht. Ebenso sollte man, wenn man in härteren Gesteinen sammelt, die leicht splittern – beispielsweise der Arietenkalk oder die Kalke des Weißen Jura und der norddeutschen Oberkreide –, eine Schutzbrille tragen. Derbe

Die Motorflex im Einsatz. Immer die Windrichtung prüfen!

Arbeitshandschuhe verhindern weitgehend böse Schnittwunden und platt geklopfte Finger. Sicherheitsschuhe oder Gummistiefel mit Stahlkappen retten die Zehen. Eine Warnweste empfiehlt sich grundsätzlich, wenn man in Steinbrüchen unterwegs ist oder an Straßenaufschlüssen herumstöbert.

In jedem Steinbruch – egal ob in Betrieb oder nicht – gilt zudem unbedingt die Helmpflicht. Dass man nicht an überhängenden Wänden (Sammlerjargon: „Sargdeckel") klopft, sollte ohnehin selbstverständlich sein. Eine Geländeweste mit möglichst vielen Taschen erlaubt die Unterbringung vieler nützlicher Utensilien (und vieler kleiner Funde). Hierzu zählt neben den bereits erwähnten – Geländebuch, Tüten etc. – auch eine gute Handlupe mit mindestens 10-facher Vergrößerung, wie sie bei jedem Optiker zu bekommen ist.

Derart ausgestattet und ausgerüstet kann man sich als Sammler getrost ins Gelände wagen und wird in den seltensten Fällen auf Schwierigkeiten stoßen. Einen kompletten *Tyrannosaurus* wird man zwar auch mit dieser Ausrüstung nicht bergen können, aber dergleichen kommt in Mitteleuropa leider auch nicht so häufig vor.

Ein paar Tipps am Rande

Noch ein paar Tipps am Rande: Mitunter hat man einen besonders kleinen und zerbrechlichen Fund, den man nicht in eine Tüte stecken möchte. Alte Filmdöschen – im Zeitalter der Digitalkameras leider nicht mehr so üblich wie ehedem – eignen sich hervorragend, um solche Stücke heil nach Hause zu bringen. Für die Raucher unter den Sammlern (wie mich) kann eine leere Zigarettenschachtel denselben Zweck erfüllen.

Kleben im Gelände sollte man möglichst vermeiden, denn man bekommt die Klebefugen in der Regel niemals wirklich sauber und kann selten so gezielt vorgehen, wie es für eine vernünftige Klebung nötig ist. Den Staub der Äonen wieder zu entfernen, der sich, gemischt mit Sekundenkleber, unvermeidlich auf der Fossiloberfläche festsetzt, wenn man im Gelände klebt, kostet Zeit und Nerven, und nicht selten wird das Fossil dabei noch unnötig in Mitleidenschaft gezogen. Dennoch gibt es Fälle, wo eine Klebung nicht zu vermeiden ist, weil lose Fossilteile sonst unweigerlich verloren gingen oder der ganze Fund gefährdet wäre. Hier gilt: so sparsam wie möglich, so viel wie nötig. Manchmal lässt es sich nicht verhindern, das komplette Stück bereits im Gelände durchzuhärten, um es überhaupt bergen zu können. Ich hatte bereits Fossilien, in denen mehrere Flaschen Sekundenkleber versickert sind. Man sollte also immer welchen bei sich haben. Hierbei gilt: je dünnflüssiger, desto besser. Es nützt nichts, wenn nur die Fossiloberfläche fixiert wird; der Kleber muss in die Spalten und feinen Haarrisse eindringen, die das Fossil durchsetzen. Bewahrt man den Kleber im Kühlschrank auf, trocknet er nicht ein und bleibt über lange Zeit einsatzbereit.

Formatieren und Säubern

Formatieren im Gelände

Eine oft ignorierte, aber, vor allem beim Sammler mit – wie heutzutage oft üblich – begrenztem Wohn- und Stapelraum, drängende Frage ist die nach dem richtigen Format der Fossilien. Wer nur tertiäre Haifischzähne sammelt, von denen Hunderte in ein kleines Plexiglasdöschen gepackt werden können und die in der Regel völlig frei von anhaftendem Sediment sind, wird solche Probleme nicht kennen. Der klassische Trilobiten- oder Ammonitensammler in der Eifel oder auf der Schwäbischen Alb wird es hingegen stets auch mit Funden zu tun haben, an denen mehr oder weniger viel Originalgestein hängt.

Solche schweren Brocken füllen schnell die Wohnung, wenn man sie nicht vernünftig formatiert. Damit sollte man, soweit möglich, bereits im Gelände beginnen, um den Rücken beim Transport der Stücke im Rucksack ebenso wie die Federung des Autos nach der Unterbringung des Materials im Kofferraum zu schonen. Auch plattige Gesteine wie der Hunsrückschiefer, Posidonienschiefer oder Solnhofener Plattenkalk nötigen oftmals bereits im Gelände zu einer gewissen Formatierung. Ein allgemeingültiges Patentrezept dafür, wie man dies am schonendsten für Fossil und Nerven bewerkstelligt, gibt es nicht. Es kommt immer darauf an, in welchen Gesteinen man sammelt und wie empfindlich die darin enthaltenen Fossilien sind. Die alte Binsenweisheit, dass man beim vorletzten Hammerschlag aufhören soll, damit einem am Ende die schönsten Fossilien nicht doch noch zerspringen, nur weil man zu bequem war, ein paar Kilogramm mehr zu tragen, ist allen Sammlern durch leidvolle Erfahrung in Fleisch und Blut übergegangen.

Schieferig-plattige Gesteine zu formatieren, wenn man keine Motorflex zur Hand hat, deren Anschaffung wie oben bereits gesagt für den etwas fortgeschrittenen Sammler durchaus zu empfehlen ist, ist eine Kunst für sich. Im Posidonienschiefer, in dem ich selbst viel gesammelt habe, und ebenso im Solnhofener Plattenkalk hat sich eine einfache Kneifzange bei nicht zu dicken Platten sehr gut bewährt. Auch eine Fliesenlegerzange eignet sich dazu vorzüglich. Die richtige Handhabung ist hier entscheidend. Man setzt die Zange gerade am Rand der zu formatierenden Schieferplatte an und knackt mit einer schnellen, ruckhaften Bewegung abwärts ein wenig des überflüssigen Materials ab. Der korrekte Einsatz dieses einfachen Hilfsmittels erfordert Übung, doch es lassen sich damit sehr schnell brauchbare Ergebnisse erzielen. Am besten probt man zunächst einmal mit wenig wertvollen Stücken oder fossilleeren Schieferplatten. Das gleiche Prinzip ist auch bei dünneren Platten aus anderen Gesteinen wie dem Hunsrückschiefer problemlos anwendbar.

Tonig-mergelige Gesteine lassen sich oft schon im Gelände mit dem Taschenmesser in Form „schnitzen“. Bei härteren Sandsteinen oder Kalksteinen muss man indessen mit dem Geologenhammer durch gezielte Schläge versuchen, möglichst viel überflüssiges Gestein abzusprengen. Hier gilt mehr denn je: Übung macht den Meister. „Profis“, die lange in denselben Schichten gesammelt haben und genau wissen, wie das Gestein sich verhält und was es „vertragen“ kann, formatieren in Windeseile große Wackersteine zu handlichen Postkartenformaten, während der Anfänger großäugig staunend und ratlos danebensteht. Nicht entmutigen lassen, wenn Sie so etwas beobachten, sondern lieber bei den Sammlerkollegen nachfragen, wie es am besten geht – die meisten sind sehr hilfsbereit und freuen sich, wenn sie Neulingen Tipps geben können. Grundsätzlich gilt bei der Formatierung mit dem Geologenhammer: Mit einem harten, präzise

Ein solches druckluftbetriebenes Handstück mit auswechselbaren Aufsätzen – unter anderem Diamantsägescheiben in unterschiedlichen Größen – ist ideal zum Formatieren kleinerer Funde.

Für etwas größere Exemplare ist ein Winkelschleifer zu empfehlen.

gezielten Schlag lässt sich meist mehr ausrichten als durch halbherziges, das Fossil eher gefährdendes Klopfen. Ein wenig Mut zum Risiko ist hier unbedingt erforderlich.

Formatieren zu Hause

Hat man die Stücke halbwegs formatiert und ohne weitere Brüche nach Hause transportiert, wird man in der Regel auch hier daran gehen, weiteres überflüssiges Umgebungsgestein zu entsorgen, bevor man mit der eigentlichen Präparation beginnt. Dies kann nun aber unter „kontrollierten Bedingungen“, beispielsweise mit Hammer und Meißel, geschehen. Sollte doch ein Fossilteil absplittern, kann es in der heimischen Werkstatt – vorausgesetzt man achtet auf eine gewisse Sauberkeit der Arbeitsfläche – leicht

Eine solche Profi-Gesteinssäge schafft auch riesige Brocken spielend, ist aber für den Sammelanfänger sicher eine Nummer zu groß.

Nur mit einer alten Zahnbürste gereinigt: limonitisierter Ammonit (*Acanthopleuroceras*) aus dem unteren Jura der Schwäbischen Alb. Hier ist keine weitere Präparation vonnöten (Slg. M. Maisch, Tübingen).

wiedergefunden und angeklebt werden, während es im Gelände oftmals unwiederbringlich verloren geht. Um Schieferplatten zu formatieren, eignet sich eine kleine Handsäge mit Diamantscheiben in unterschiedlichen Größen, die in jedem Baumarkt zu bekommen ist. Die Anschaffung einer professionellen Gesteinssäge dürfte aus Kosten- und Platzgründen für die meisten Sammler nicht infrage kommen, ist aber natürlich der Idealzustand.

Das Säubern der Fossilien ist eine nicht ganz triviale Angelegenheit. Nahezu alles, was wir in Steinbrüchen, an Waldwegen, auf Äckern, in Bachbetten oder an Baustellen auflesen, ist mehr oder weniger verdreckt und muss zunächst einmal vernünftig gereinigt werden, bevor mit der eigentlichen Präparation begonnen werden kann. Andernfalls kann man kaum erkennen, wie das Fossil letztlich im Gestein liegt und wo überhaupt noch Präparationsarbeit zu leisten ist.

Normalerweise sind für die Reinigung ein Putzeimer mit lauwarmem Wasser, dem man einen Spritzer handelsüblichen Spülmittels hinzugeben kann, und eine kräftige Wurzelbürste ausreichend. Kleine und zerbrechlichere Fossilien können vorzüglich mit alten Zahnbürsten geputzt werden, von

Mit Zahn- und Wurzelbürste geschrubbt: Pyritammoniten (*Echioceras* und *Crucilobiceras*) aus dem unteren Jura der Schwäbischen Alb. Auch hier ist der Bedarf an weiterer Präparation nur minimal (Slg. R. & W. Maisch, Metzingen).

Reinigung

denen ich stets einen kleinen Vorrat aufbewahre. Wasserempfindliche Fossilien, wie beispielsweise die zerbrechlichen Muschel- und Schneckenschalen aus Tonen des Tertiärs oder auch die weißschalig erhaltenen Ammoniten der süddeutschen Amaltheen- und Opalinustone, sollte man nur mit äußerster Vorsicht reinigen. Hier empfiehlt es sich oft, auf Wasser ganz zu verzichten und einen kleinen Pinsel zu nutzen, um anhaftende Verschmutzungen und lose Sedimentreste zu entfernen. Auch hochprozentiger Alkohol kann hier als Reinigungsmittel zum Einsatz kommen. Generell gilt: Bei tonig-mergeligen Gesteinen ist die Brauchbarkeit von Wasser zur Reinigung zunächst einmal immer anhand von wenig wertvollen Stücken zu überprüfen, wenn man nicht seine herrlichsten Funde als unansehnlichen Schlammhaufen am Boden des Putzeimers bewundern möchte.

Hier sollte man mit Wasser sparen: perlmuttschalig erhaltener Ammonit (*Hypacanthoplites*) aus der Unterkreide Norddeutschlands, nur mit feinen Pinseln gereinigt (Slg. M. Maisch, Tübingen).

Zweiklappig erhaltene austernverwandte Muschel der Gattung *Gryphaea* aus dem unteren Jura, mit groben Bürsten freigeschrubbt. Hier könnte man noch ein wenig nacharbeiten, aber bereits nach dem Säubern liegt ein ansehnliches Fossil vor (Slg. M. Maisch, Tübingen).

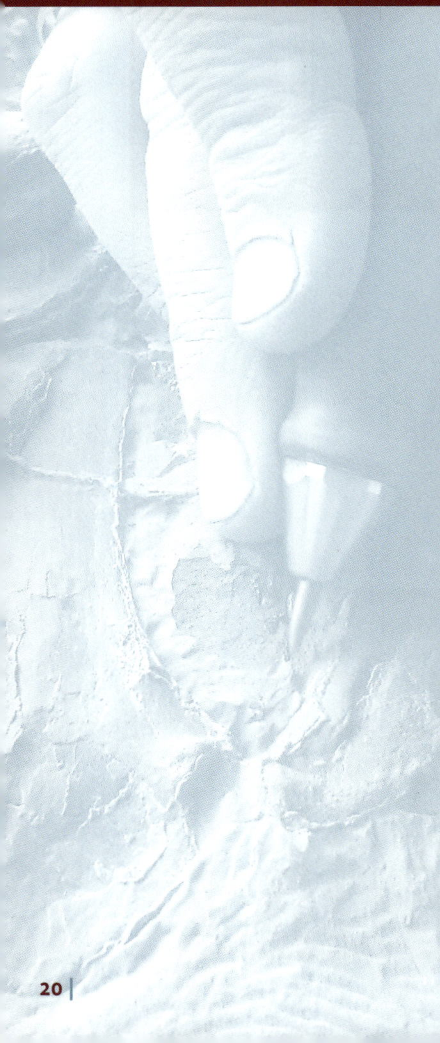

Arbeitsplatz, Werkzeuge und Hilfsmittel

Wer sich einmal eine Zeit lang mit Fossilien beschäftigt, verfügt normalerweise über ein Grundwissen, das als selbstverständlich hingenommen wird. Man kann sich nur noch schwer vorstellen, welche Ideen diejenigen Leute haben, denen dieses Hobby fremd ist. Ich habe viele Jahre als Schaupräparator gearbeitet und in dieser Zeit immer wieder interessierte Zuschauer in meine Werkstatt eingeladen. Man glaubt kaum, was ich da alles gehört habe. Manchmal musste ich erst darüber aufklären, dass ich die Fossilien nicht in den Stein hinein-, sondern herauspräpariere oder dass das Alter von Fossilien etwas höher ist als ein paar Hundert Jahre. Eine andere Vorstellung ist die, dass Fossilien so gefunden werden, wie sie dann in Ausstellungen zu sehen sind. Der Zwischenschritt der Präparation ist vielen leider unbekannt. Das mag vielleicht auch damit zusammenhängen, dass die Präparatoren in Instituten und Museen im Hintergrund arbeiten. Eigentlich ist es schade, dass diese schöne und interessante Arbeit meistens in Kellerräumen geleistet wird und nur wenig oder keine Wertschätzung erfährt.

Die Fragen, die mir in der Werkstatt gestellt wurden, waren meistens dieselben: „Woher wissen Sie, wo da etwas drin ist?", „Wo fängt man da an?", „Was ist, wenn da mal etwas kaputtgeht?" Oft erzählten die Besucher: „Ich habe mal einen Stein gefunden, da könnte doch auch etwas drin sein." Vor allem diese Leute möchte ich hier ermutigen, ihrem Interesse zu folgen und ohne großen Aufwand und größere Investitionen eine Präparation auszuprobieren.

In den wenigsten Fällen ist das Hintergrundwissen vorhanden, um Ausführungen über Präparationsmethoden, Fossilisation oder Chemismus folgen zu können. Mit Fach- und Fremdwörtern gespickte Vorträge wirken oft nur einschüchternd und lassen das Interesse schnell erlahmen. Der erfahrene Sammler wird vielleicht über meine Beschreibungen schmunzeln oder etwas daran auszusetzen haben. Es sollte also nicht vergessen werden, dass ich versuche, Menschen ohne Vorkenntnisse erst einmal dahin zu bringen, dass sie sich Fachliteratur oder Rat suchen, um mehr über ihre Funde herauszufinden. Denn jeder neue Sammler, ob alt oder jung, bereichert die Gemeinschaft der Fossilienliebhaber.

Darum werde ich auch nicht auf spezielle Präparationsmethoden eingehen, sondern stattdessen auf meine Berufserfahrung zurückgreifen und „aus der Werkstatt heraus" beschreiben, was ich beim Präparieren erlebe. Dabei gibt es so viele unterschiedliche Ansätze und Vorgehensweisen, dass es schwierig ist, allgemeingültige Regeln aufzustellen. Um eine möglichst breite Leserschaft anzusprechen, stelle ich bewusst nicht den Bezug zu bestimmten Fossilien oder Fundorten her. Spezielle Präparationsbeschreibungen finden sich im Internet und würden hier ohnehin den Rahmen sprengen.

Um dem Anfänger die Hemmungen vor den ersten Hammerschlägen zu nehmen, gebe ich gerne zu, beim Präparieren auch schon Fehler gemacht zu haben. Das ist keine Schande oder Unfähigkeit. An jeden Anfänger geht hier deshalb auch der Aufruf, jedes Mittel und jedes Werkzeug auszuprobieren, das irgendwie praktisch und sinnvoll erscheint. Dabei gibt es kein Richtig oder Falsch, denn Fehler lassen sich – gerade zu Beginn – leider nicht vermeiden.

Kleine und mittelschwere Fehler sollte man als geübter Präparator ohnehin ausbügeln können. Grobe Fehler, durch die Fossilien zerstört werden, hat man selbst zu verantworten. In der Regel passieren Missgeschicke auch nur einmal und danach nie wieder, weil man aus seinen Fehlern lernt.

Was man für die Präparation benötigt

In den wenigsten Fällen sind die Funde ohne eine weitere Bearbeitung präsentabel. Die Fossilien sind ganz oder teilweise von Gestein bedeckt, oft sogar zerbrochen. Durch die Präparation kann aus so einem Geländefund ein Schmuckstück werden, das man als Sammler gerne Freunden und Verwandten zeigt. Natürlich kann nicht jeder Fund zu einem Schauobjekt werden; dies hängt immer auch vom Erhaltungszustand ab, in dem das Stück vorliegt. Da auch der geübteste Sammler keinen Röntgenblick besitzt, ist immer wieder für Überraschungen gesorgt. Manches Stück, bei dem man sich dreimal überlegt hat, ob man es überhaupt mitnehmen soll, wird zum Prachtexemplar. Mancher Fund, den man im Gelände als „Volltreffer“ betrachtet hat, erweist sich im Nachhinein dagegen als Niete. Trotzdem kann ein Präparator auch bei nicht so gut erhaltenen Stücken noch viel erreichen.

Wer keinen Hobbyraum hat, stellt sich spätestens jetzt die Frage: „Wo soll ich präparieren?“ Von der Präparation in der Wohnung rate ich ausdrücklich ab. Der dabei entstehende Staub setzt sich hartnäckig in jede Ritze der Wohnungseinrichtung und ist nur schwer wieder zu entfernen. Sonst ist Präparieren überall möglich: auf der Terrasse, dem Balkon, im Hof oder in der Garage.

Wichtig ist ein ausreichend großer Arbeitsplatz

Ein paar Voraussetzungen sollte der Arbeitsplatz aber erfüllen. Zunächst wäre da ein stabiler Tisch, der natürlich nicht wackeln sollte. Hervorragend geeignet ist ein alter Schreibtisch. So einen bekommt man meist kostenlos, wenn Schulen oder Firmen ihr Mobiliar erneuern und das alte aussortiert wird. Wer sich von Anfang an auf Großfunde spezialisieren möchte und über genügend Platz und handwerkliches Geschick verfügt, kann sich einen Tisch mit größerer Arbeitsfläche auch leicht selbst bauen. Dabei aber immer auf ausreichende Stabilität achten!

Wer nur gelegentlich präpariert und dafür den Küchentisch nach draußen stellt, sollte sich im Baumarkt ein Brett als Unterlage besorgen, denn die Tischoberfläche wird im Laufe der Zeit sehr in Mitleidenschaft gezogen. Außerdem kann dadurch die Arbeit auch unterbrochen und die Arbeitsunterlage als Ganzes zur Seite gestellt werden, ohne dass jedes Mal alles wieder aufgebaut werden muss. Ein hel-

Ein Arbeitsplatz, wie er beschrieben worden ist: mit zwei Leuchten, ausreichendem Platz auf und unter dem Tisch und einem bequemen Stuhl.

ler, einfarbiger Untergrund erleichtert das Wiederfinden von „wegpräparierten" Splittern. Deren Flugweite wird durch das Aufstellen einer Abtrennung nach vorne und zu den Seiten verringert. So ein Präparationskasten ist aus einem alten Karton einfach herzustellen. Stabiler ist natürlich eine Version aus Holz, die ebenfalls leicht selbst zu bauen ist. Wichtig sind ausreichend hohe Rück- und Seitenwände und eine Öffnung nach oben und von vorne. Eine glatte Oberfläche im Arbeitsbereich lässt sich natürlich leichter sauber halten und erlaubt es, das Stück während der Arbeit zu drehen. Ein Brett mit heller Beschichtung oder eine Arbeitsplatte mit einer Größe von ein bis eineinhalb Meter ist ideal, denn sie bietet genug Platz für Bewegungsfreiheit und das Ablegen von Werkzeugen. Der Fußraum unter dem Tisch sollte frei gehalten werden, damit man während der Arbeit gelegentlich die Beine ausstrecken kann.

Natürlich darf auch ein Stuhl nicht fehlen. Ich bevorzuge einen Schreibtischstuhl, weil der höhenverstellbar ist und optimal an die Tischhöhe angepasst werden kann. Außerdem ist das Verändern der Sitzhöhe hilfreich, wenn man mal mehr von oben und mal mehr von der Seite an seinem Stück arbeitet. Zwischendurch kann man auch schnell mal einen halben Meter zurückrollen, um seine Arbeit aus der Distanz zu betrachten und sich einen besseren Überblick über den erreichten Fortschritt zu verschaffen. Für den Gelegenheitspräparator genügt aber auch ein einfacher Stuhl. Der Bequemlichkeit halber sollte man sich ein Kissen unterlegen; ein keilförmiges Kissen entlastet zusätzlich auch noch die Wirbelsäule. Manchmal erfordert die Präparation auch, dass man sich während der Arbeit hinstellt oder auf die Knie geht. Gerade beim Knien ist das Kissen ebenfalls sehr hilfreich.

Beleuchtung des Arbeitsplatzes

Wichtig ist es, für eine gute Beleuchtung des Arbeitsbereiches zu sorgen. Ideal sind dreh- und schwenkbare Leuchten, die mit einer Klemme am Tisch befestigt werden und eine individuelle Einstellung ermöglichen. Praktisch sind zwei Lampen, rechts und links am Tisch angebracht, denn so kann man den Arbeitsbereich von beiden Seiten ausleuchten und nervige Schattenwürfe vermeiden. Wer sich zwei Leuchten an den Tisch bauen will, dem empfehle ich, sich Leuchtmittel mit unterschiedlichen Wärmestufen zu besorgen. Gerade wenn kaum ein Farbunterschied zwischen Fossil und Gestein besteht, lässt sich der Oberflächenverlauf mal bei eher weißem und mal bei eher gelbem Licht besser erkennen. Manchmal ist vielleicht auch Mischlicht am geeignetsten.

Das Gestein benötigt eine Unterlage

Ebenfalls benötigt wird eine Unterlage. Jede Form der mechanischen Bearbeitung verursacht Erschütterungen, die von der Unterlage aufgenommen werden müssen. Würde man auf der bloßen Tischplatte präparieren, würden die „Schockwellen" nicht abgeleitet werden und Fossil und Gestein früher oder später zerbrechen. Diese Gefahr besteht schon, wenn auch nur ein Teil des Stückes auf hartem Untergrund liegt. Deshalb muss die Unterlage groß genug sein, um das gesamte Stück zu unterstützen. Am besten eignet sich dazu ein Sandsack. Für kleine, handliche Stücke kann er aus einem Stück Hosenbein leicht selbst hergestellt werden, denn vor allem Jeansstoff ist robust und hält einiges aus. Dazu schneidet man etwa dreißig Zentimeter Hosenbein einer nicht mehr benötigten Jeans ab und näht die untere Öffnung zu. Dann füllt man trockenen Sand in eine stabile Plastiktüte und verknotet diese, sodass nichts herausrieseln kann. Man sollte allerdings nicht zu viel Sand einfüllen, damit man später mit seinem Stück eine kleine Grube eindrücken kann, in der es sicher liegt. Danach wird die Plastiktüte in das Hosenbein geschoben und so zurechtgerückt, dass der Knoten in der Tüte nicht stört. Nun muss der selbst hergestellte Sandsack nur noch oben verschlossen werden.

Für größere Stücke braucht man natürlich eine größere Unterlage. Da abgeschnittene Hosenbeine in diesen Fällen nicht mehr ausreichen, muss man auf andere strapazierfähige Stoffe zurückgreifen, um entsprechend größere Säcke anzufertigen. Wenn auch diese nicht mehr genügen, unterbaut man das Stück an Stellen, wo es nicht aufliegt, mit Holzkeilen. Diese kann man sich aus einem Balken oder einer Latte selbst schneiden und sie sollten immer griffbereit liegen. Damit kann man auch die Position des Stückes während der Präparation verändern, um besser an schlecht erreichbaren Stellen arbeiten zu können.

Weniger gut eignen sich Ledersäcke als Unterlage. Durch scharfe Kanten am Gestein entstehen schnell Löcher und der Sand rieselt heraus. Man kann deshalb auch eine vier bis fünf Zentimeter hohe Holzkiste nehmen und den Sand lose einfüllen. Mit Stoff abgedeckt ergibt das eine gute Präparationsunterlage. Auch Schaumstoff kann man zum Unterlegen verwenden. Dieser muss aber dick oder fest genug sein, sodass das Stück nicht auf dem Tisch aufliegt. Bei dicken Schaumstoffen hat man allerdings den Nachteil, dass das Stück darauf „schwimmt" und nicht stabil liegt.

Das Wichtigste sind die Werkzeuge

Das Wichtigste bei der Präparation sind natürlich die Werkzeuge. Sie sollten immer ihren festen Platz haben, damit man bei Bedarf nicht lange suchen muss.

Aber was braucht man als Grundausstattung? Für den Anfänger sollten drei Hämmer ausreichend sein:

Hämmer und Meißel. Ein solches Sortiment ist für den Anfang ausreichend.

für feine Arbeiten ein Fliesenlegerhammer von fünfzig bis achtzig Gramm, für Gröberes ein Hammer von hundertfünfzig bis zweihundert Gramm und ein Modell von fünfhundert Gramm, wenn größere Stücke weggenommen werden müssen. Passend dazu benötigt man natürlich ein Sortiment verschieden großer Meißel: je ein größerer Flach- und Spitzmeißel für grobe und kleinere Meißel für feinere Arbeiten.

Für ganz feine Präparationen gibt es keine Meißel. Hierzu kann man aber sehr gut kleine Schraubendreher zweckentfremden. Im Baumarkt gibt es günstige Sortimente mit Uhrmacherwerkzeug, das als Präpariermeißel gut geeignet ist. Bitte auf eine Metallausführung zurückgreifen, weil Plastikgriffe keine Hammerschläge aushalten.

Wer einen Schleifbock zu Hause hat, kann kleinere Meißel auch leicht selbst anfertigen. Abgebrochene Bohrer und Gewindeschneider sind hierfür eine gute Grundlage. Dies hat auch den Vorteil, dass man sein Werkzeug immer seinen Bedürfnissen entsprechend anfertigen kann. Mit einem Wetzstein sind die Schneiden der Werkzeuge leicht scharf zu halten. Nach Schabern und Kratzern kann man auch seinen Zahnarzt fragen, denn diese tauschen immer wieder ihr Werkzeug aus und sind gerne bereit, das alte

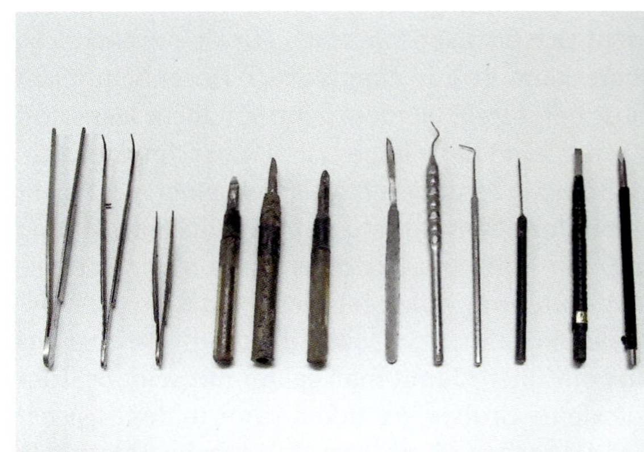

Werkzeuge zum Präparieren: Pinzetten, Schaber, Kratzer und Nadeln.

abzugeben. Stabile Metallskalpelle geben wunderbare Schaber für die Feinpräparation ab und mit den gewundenen Kratzern erreicht man auch die letzten Winkel. Wer die Investition nicht scheut, kann sich Schaber natürlich auch im Fachhandel besorgen.

Gute Präparationswerkzeuge sind auch die in Schlossereien gebräuchlichen Anreißnadeln. Präparationsnadeln mit gehärteten Spitzen gibt es im Fachhandel oder Internet. Feine Präparationsnadeln kann man sich aus einem Feinminenstift und der Nadel eines Zirkels aber auch leicht selbst herstellen. Die Nadel sollte dabei nicht zu weit überstehen, sondern fest eingeklemmt oder mit einem Tropfen Sekundenkleber befestigt werden. Sinnvoll ist auch ein sogenannter Glasradierer, den es zusammen mit den dazugehörigen Einsätzen im Internet gibt.

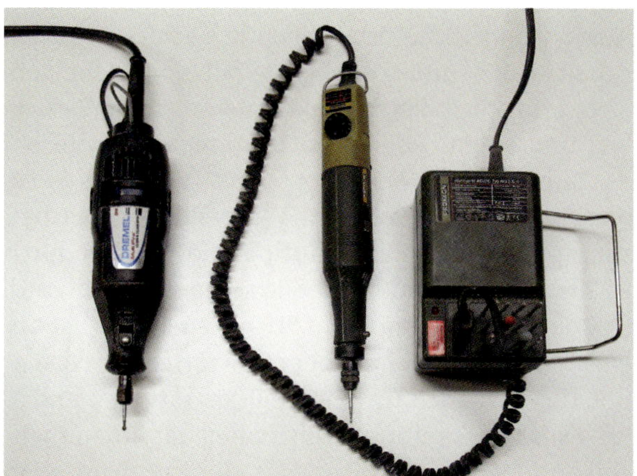

Für kleine Fräser und Trennscheiben: die Werkzeuge von Dremel und Proxxon.

Wer etwas mehr investieren will, kann sich über die Anschaffung eines drehenden Werkzeugs Gedanken machen. Die gängigen Systeme sind von Proxxon und Dremel und im Baumarkt erhältlich. Beide bieten ein umfangreiches Sortiment von Fräsern, kleinen Trennscheiben und Schleifköpfen an. Ein Nachteil sind die hohen Kosten, weil die Fräser verschleißen und immer wieder nachgekauft werden müssen.

Weitere Hilfsmittel

Dann wären da noch weitere Hilfsmittel zu erwähnen, die man während der Arbeit immer zur Hand haben sollte. Am wichtigsten ist ein Fläschchen mit Cyanacrylat, besser bekannt als Sekundenkleber, der während des Präparierens immer wieder gebraucht wird. Weil die im Baumarkt erhältlichen Kleingebinde im Laufe der Zeit sehr viel Geld verschlingen, sollte man sich im Internet größere Mengen besorgen. Und wenn man schon bestellt, kann man gleich noch einen Beschleuniger mitnehmen – aber dazu mehr im Kapitel „Kleben und Stabilisieren“.

Zum Reinigen von Klebeflächen oder Werkzeugen benötigt man noch Lösemittel. Dazu eignen sich Aceton, das in jedem Baumarkt erhältlich, aber leider auch giftig ist, oder Ethylacetat, das zwar ebenfalls giftig ist, aber nicht so streng riecht. Allerdings ist es nicht überall erhältlich.

Zum Säubern braucht man auch ein paar Stofflläppchen, die man wegwerfen kann, wenn sie nicht mehr zu gebrauchen sind. Weniger geeignet ist Küchen- oder Toilettenpapier, weil es schnell zerreißt. Eine Schutzbrille schützt die Augen vor umherfliegenden Splittern. Man sollte sie bei allen Arbeiten mit Hammer und Meißel tragen.

Aus Versehen vom Fossil abpräparierte Splitter muss man wieder ankleben. Dazu greift man die Stücke am besten mit einer Pinzette, damit sie nicht an den Fingern festkleben und beim Ablösen womöglich zerbrechen. Zum Entfernen loser Gesteinsstücke und Verschmutzungen reicht oft schon eine alte, nicht mehr benötigte Zahnbürste.

Mit einem flachen Malerpinsel, zwei bis drei Zentimeter breit, kann man während der Arbeit den Präparationsabfall von seinem Stück fegen. Praktisch ist außerdem, immer einen Eimer mit Handfeger und Kehrblech neben sich stehen zu haben, um zwischendurch schnell den gesamten Arbeitsplatz sauber zu machen. Für den Fall, dass man aus Versehen zu viel wegpräpariert hat, hat man somit auch weniger Abfall zu durchsuchen.

Spezielle Präparationswerkzeuge

Dies sollte als Grundausstattung zunächst genügen. Natürlich gibt es im Fachhandel noch einiges mehr an Werkzeugen und Zubehör für die Präparation. Spezielle Werkzeuge sind in der Regel aber teuer, daher wird sie kaum jemand von Anfang an verwenden. Trotzdem möchte ich dazu ein paar Dinge erwähnen.

In jedem, der Fossilien sammelt und häufiger präpariert, keimt irgendwann der Wunsch, seine Werkzeuge aufzustocken. An erster Stelle auf der Wunschliste steht in der Regel ein Druckluftstichel. Ein Druckluftstichel ist allerdings nicht, wie viele Leute denken, ein Zahnarztbohrer, auch wenn er sich, je nach Modell, vielleicht so anhört. Genau genommen ist auch ein Zahnarztbohrer kein Bohrer, sondern ein Fräser. Bohrer und Fräser sind drehende

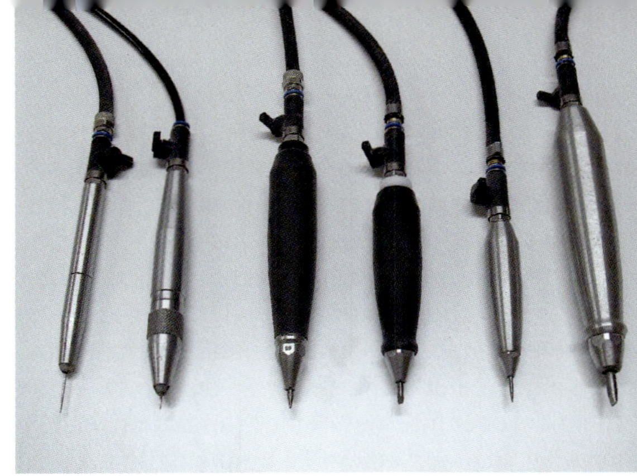

Einige Vertreter der HW-Druckluftstichel-Familie (von links nach rechts): HW-1, HW-10, HW-65 (früher HW-60), HW-70, HW-80 und der große HW-90.

Werkzeuge. Ein Druckluftstichel ist ein schlagendes Werkzeug und hat deshalb mehr Gemeinsamkeiten mit einem Presslufthammer.

Druckluftstichel gibt es in vielen verschiedenen Ausführungen, die sich hinsichtlich Schlagfrequenz, Arbeitsdruck und Zubehörvielfalt unterscheiden, aber prinzipiell gleich funktionieren. Durch Druckluft und einen Feder- oder Gummipuffer wird ein austauschbarer Meißel in eine Vorwärts-Rückwärts-Bewegung versetzt. Während der Bearbeitung schlägt der Meißel auf das Gestein, wodurch es erschüttert und schließlich abgesprengt wird. Um den Umgang mit dem Stichel zu lernen, ist am ehesten ein Modell mit hoher Schlagfrequenz geeignet, das sich auch für feinere Präparationen anbietet. Dies bedeutet umgekehrt aber, dass man mehr Zeit aufwenden muss, wenn viel Gestein abzutragen ist. Sinnvoll ist es, sich auch einen Ersatzmeißel anzuschaffen, falls der Meißel einmal abbrechen sollte.

Der Autor (M. M.) bei der Druckluftstichel-Präparation, um die Knochen eines Meereskrokodils (*Steneosaurus*) aus dem Unteren Jura der Schwäbischen Alb freizulegen.

Meißel gibt es ebenfalls in verschiedenen Ausführungen, die gängigsten sind der Spitz- und der Flachmeißel. Welche Form am besten ist, hängt von den individuellen Bedürfnissen und den finanziellen Möglichkeiten ab.

Ein weiteres Kriterium beim Kauf eines Stichels ist für mich der Lärm, den er beim Gebrauch verursacht. Entspanntes Arbeiten ist nicht möglich, wenn das Werkzeug in den Ohren dröhnt. Ich persönlich empfinde die Geräuschkulisse bei sehr hohen Schlagzahlen als angenehm, weil der Stichel dann nicht dröhnt, sondern summt. Positiv zu erwähnen sind die in den letzten Jahren populär gewordenen Stichel der HW-Serie, die von Hardy Winkler konstruiert und hergestellt werden. Diese arbeiten kraftvoll, geben aber bei geringem Arbeitsdruck nur ein angenehmes Brummen von sich. Hinzu kommt, dass diese Stichel deutlich weniger gesundheitsschädliche Vibrationen im Handgelenk verursachen, als das bei älteren Geräten der Fall war. Wie jedes mechanische Gerät muss auch ein Stichel regelmäßig gewartet werden.

Der Druckluftstichel im Detail und in Aktion.

Ein Sandstrahlgerät im Einsatz. Mithilfe eines selbst gebauten, portablen Strahlkastens lassen sich auch sehr große Stücke – wie dieser Rest einer Seelilienkolonie aus dem Schwarzen Jura der Schwäbischen Alb – präparieren.

Wer sich an die Wartungsanleitungen hält, hat deutlich länger Freude an seinem Werkzeug.

Damit ein Druckluftstichel funktioniert, ist ein entsprechender Kompressor notwendig. In der Regel lassen sich Stichel mit einem Kompressor aus dem Baumarkt mit dreißig bis fünfzig Liter Kesselvolumen betreiben. Wer in einem Mehrfamilienhaus wohnt oder empfindliche Nachbarn hat, wird hier auf erste Probleme stoßen, denn die Lautstärke von Baumarktkompressoren liegt bei bis zu 100 Dezibel. Geräte mit größerem Kessel haben einen größeren Luftvorrat und springen daher seltener an, sind aber teurer in der Anschaffung. Flüsterkompressoren haben zwar nur die Lautstärke eines Kühlschranks, sind aber schon in kleiner Ausführung sehr teuer. Alternativ kann man sich um einen preisgünstigen Kompressor eine Schalldämmung bauen. Vorschläge hierzu finden sich im Internet. Auf jeden Fall sollte man sich vor dem Kauf über folgende Punkte im Klaren sein: Wie viel Luft verbraucht mein Werkzeug? Wie viel Luft liefert der Kompressor? Wie groß ist das Kesselvolumen/der Luftvorrat? Wie groß ist die Ansaugleistung des Kompressors?

Auf jeden Fall braucht man einen großen Kompressor, um ein Sandstrahlgerät zu betreiben. Beim Sandstrahlen wird ein Strahlmittel unter Druck auf das Gestein gestrahlt. Der große Kompressor ist nötig, weil dabei sehr viel Luft verbraucht wird. Als Strahlmittel wird am allerwenigsten Sand verwendet. Im Grunde genommen kann man alles verwenden, was trocken, feinkörnig und rieselfähig ist, von

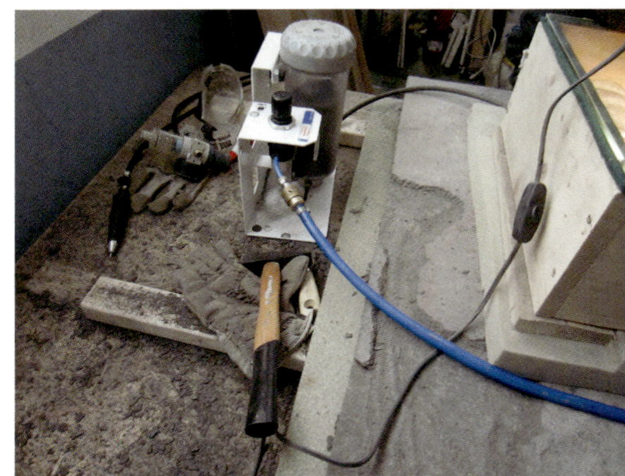

Ein handelsübliches Sandstrahlgerät der günstigeren Variante – Kosten etwa 700 Euro.

Ein selbst gebauter Kasten zum Sandstrahlen erlaubt auch die Anwendung dieser professionellen Präparationsmethode.

Eisenpulver über Backpulver bis hin zu zerstoßenen Walnussschalen.

Entscheidend ist die Härte des Strahlmittels, denn schließlich soll zwar das Gestein entfernt werden, das Fossil aber unbeschädigt bleiben. Es ist also nicht jedes Fundstück zum Sandstrahlen geeignet – und nicht jedes Strahlmittel für jedes Gestein. Weil die Sandstrahlerei eine sehr aggressive Methode ist, ist viel Erfahrung notwendig, um die Fossiloberfläche nicht zu „verstrahlen“ und zu jedem Gestein und Fossil das passende Strahlmittel auszuwählen.

Ein sehr tolles Hilfsmittel ist ein Stereomikroskop, denn damit kann man allerfeinste Präparationen durchführen. Leider sind gute Stereomikroskope sehr teuer, aber mit etwas Glück lässt sich im Internet manchmal ein gutes Angebot finden. Die meisten Mikroskope, die im Internet angeboten werden, sind allerdings sogenannte Durchlichtmikroskope. Das heißt, dass die Beleuchtung in einem Sockel eingebaut ist und das Licht von unten durch das Objekt, das man sich anschaut, scheint. Zum Präparieren sind solche Mikroskope ungeeignet, weil Fossilien nicht durchsichtig sind und außerdem zwischen Sockel und Objektiv nicht genügend Platz ist.

Zum Präparieren benötigt man ein Auflichtmikroskop. Wie der Name schon sagt, fällt das Licht dabei von außen auf das Objekt. Auflichtmikroskope sind meistens mit einem verstellbaren Gestänge am Tisch befestigt. Weil es keinen Sockel gibt, kann man das Objektiv in jeder beliebigen Höhe fixieren. Neugeräte sind selten unter tausend Euro zu bekommen, oftmals liegt der Preis sogar noch weit darüber – das Gestänge nicht miteingerechnet. Deshalb sollte man immer die Augen nach günstigen gebrauchten Geräten aufhalten.

Ein Stereomikroskop ist für feinste Präparationen sehr gut geeignet.

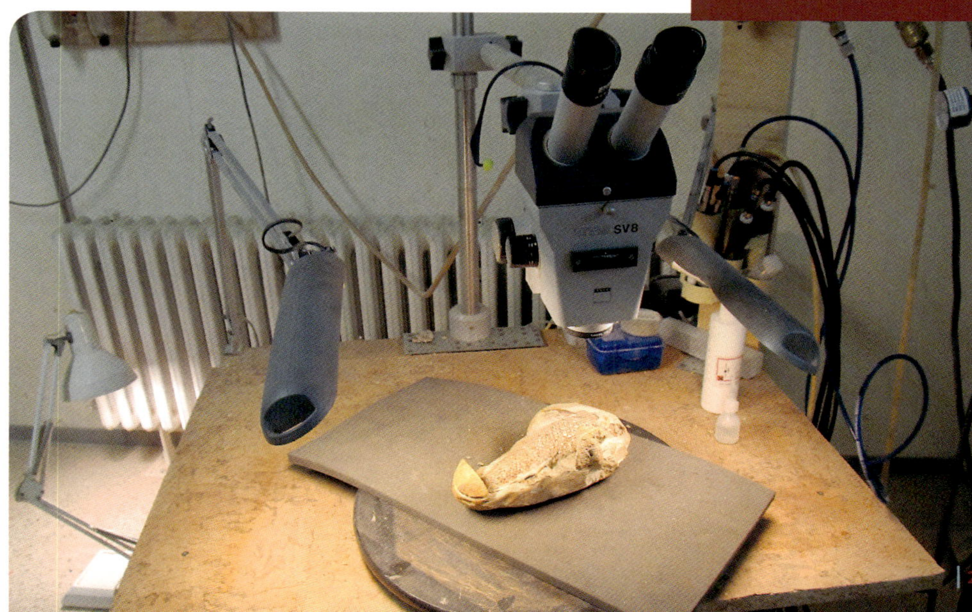

Kleben und Stabilisieren

Aus Zwei mach Eins – Kleben

Mit zerbrochenen Fossilien oder Fossilplatten hat man immer wieder zu tun, weil man nur selten das Glück hat, die Stücke komplett und völlig ohne Brüche zu entdecken. Manchmal ähneln die Funde eher einem komplizierten Puzzle als einem Fossil. Aufwendige Klebungen im Gelände zu machen, ist nicht empfehlenswert. Besser ist es, die einzelnen Bruchstücke vorsichtig zu bergen und dann zu Hause zu säubern.

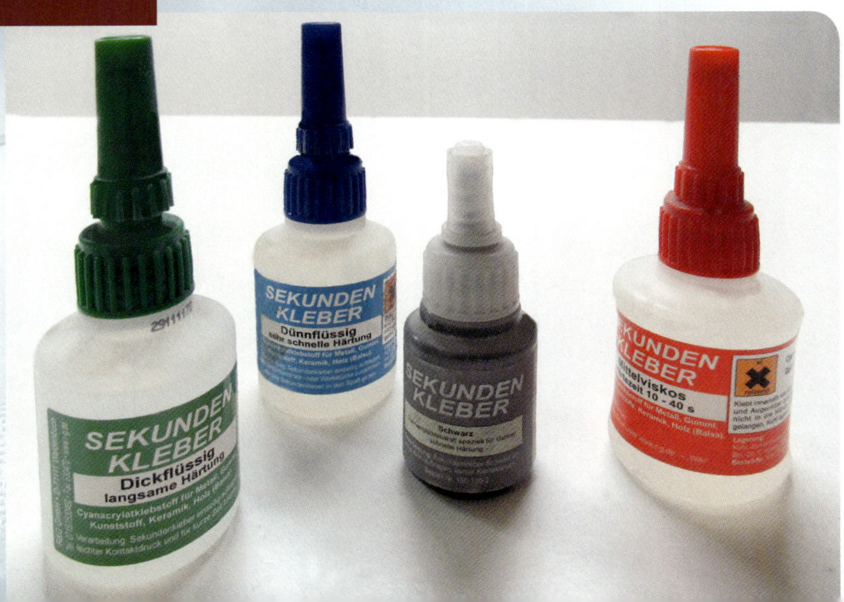

Ein Sortiment für die Grundausstattung: drei verschieden zähflüssige Sekundenkleber und ein schwarzer.

Brüche können schon vor Jahrtausenden oder aber erst kürzlich entstanden sein. Alte Brüche erkennt man daran, dass die Bruchfläche verwittert und verschmutzt ist. Frische Brüche entstehen meist bei der Bergung, auf dem Weg nach Hause oder erst bei der Präparation. Die Bruchflächen sind dann sauber, bis auf den Schmutz, den man selbst verursacht hat. Was muss man in diesem Fall also tun? Einfache Antwort: Kleben!

Beim Kleben sind jedoch einige Dinge zu beachten: Welchen Kleber soll ich verwenden? Wie bekomme ich alle Teile wieder richtig zusammen? Was tun, wenn im wahrsten Sinne des Wortes etwas schiefgeht?

Zum Kleben gibt es im Handel eine ganze Reihe geeigneter Klebstoffe. Am besten sieht man sich im Internet nach Händlern für Modellbau-Zubehör um, die oft sehr gut sortiert sind.

Kleben mit Sekundenkleber

Sekundenkleber, unter Profis Cyanacrylat oder einfach Acrylat genannt, sollte jeder Präparator im Haus haben. Man benötigt ihn bereits im Gelände und immer wieder während der Präparation, um kleine abgebrochene Fossilteile und -splitter wieder zu befestigen. Sekundenkleber gibt es in verschiedenen Sorten, von dünnflüssig bis zähflüssig. Davon sollte man sich am besten ein Sortiment mit verschiedenen Varianten zulegen. Entgegen seinem Namen braucht der Sekundenkleber meist mehrere Minuten, bis er hart wird; vollständig durchgehärtet ist er erst nach Stunden. Das Einzige, was der Klebstoff tatsächlich innerhalb von Sekunden verklebt, sind Finger und Augenlider. Der Grund dafür ist, dass Sekundenkleber zum Aushärten Feuchtigkeit und Wärme benötigt. Beim Gebrauch dieses Klebers ist also Vorsicht geboten. Sollte doch einmal etwas Gestein an der Hand festkleben, muss man Stein und Hand möglichst schnell mit Lösemittel und Schaber voneinander trennen. Kleine Bruchstücke setzt man daher am besten mit einer Pinzette an. Noch gefährlicher wird es, wenn Sekundenkleber auf die Kleidung gelangt. Im Gewebe härtet der Kleber schnell aus und entwickelt eine so gewaltige Hitze, dass man sich schwere Verbrennungen zuziehen kann. Im schlimmsten Fall kann der Stoff sich sogar entzünden.

Eine Möglichkeit, die Aushärtezeit von Sekundenkleber zu verkürzen, ohne sich zu verletzen, ist ein Beschleuniger, der als Pumpspray oder Sprühdose zu bekommen ist. Achtung, wenn man zu viel davon benutzt, kocht der Kleber innerhalb von Sekunden auf. Und noch ein Trick, der die Raucher freuen dürfte: Eine brennende Zigarette, dicht vor den Kleber gehalten und angepustet, verkürzt auch die Aushärtezeit, durch die Wärme der Glut und die Feuchtigkeit des Atems. Noch ein Tipp zum Reinigen von Werkzeugen: Sekundenkleber, der an Schabern, Pinzetten und Präparationsnadeln klebt, kann man mit dem Feuerzeug abbrennen. Der Verbrennungsrückstand ist spröde und kann leicht abgewischt werden.

Zweikomponentenkleber auf Kunstharzbasis ist das Mittel der Wahl für fast alle größeren Klebungen, vor allem wenn es mal schnell gehen muss.

Kleben mit Kunstharzen

Kunstharze eignen sich ebenfalls hervorragend zum Kleben. Es gibt sie in flüssiger Form oder als zähe, spachtelfähige Masse. Durch Zugabe von Füllmitteln, wie zum Beispiel Talkumpuder, können sie gestreckt werden. Mit sogenannten Thixotropiermitteln können sie angedickt und mit Lösemitteln verdünnt werden. Sie lassen sich einfärben, zum Beispiel durch Beimischen von Gesteinsmehl, Pigmenten oder speziellen Farbzusätzen. Dies ist besonders praktisch, wenn man Klebenähte an das Gestein anpassen will. Es ist allerdings nicht einfach, die richtige Einfärbung zu treffen, weil Kunstharze beim Aushärten ihre Farbe verändern. Das muss schon beim Anrühren berücksichtigt werden.

Bei den Kunstharzen wird zwischen Polyesterharzen und Epoxydharzen unterschieden. Beide haben gemeinsam, dass zwei Komponenten zusammengerührt werden müssen, damit sie aushärten. Es ist dabei sehr wichtig, dass man Kleber und Härter sorgfältig verrührt und vermischt, denn ansonsten kann es passieren, dass Teile der Klebung nicht aushärten und die Stabilität des Fossils gefährdet ist. Wie lange Kunstharze nach dem Verrühren verarbeitbar bleiben, ist in der Gebrauchsanleitung als Topfzeit angegeben – also die Zeit, die das Harz im Topf bleiben kann, ohne auszuhärten. Zum Anrühren nimmt man am besten keinen Topf, sondern einen Becher; geeignet sind Joghurt-, Eis- und Puddingbecher, für größere Mengen auch Konservendosen. Als Rührstäbchen eignen sich einfache Eisstiele aus Holz, da man sie nach ein- bis zweimaliger Benutzung meistens entsorgen kann. Natürlich kann man Rührstäbchen und Becher aber auch im Handel kaufen.

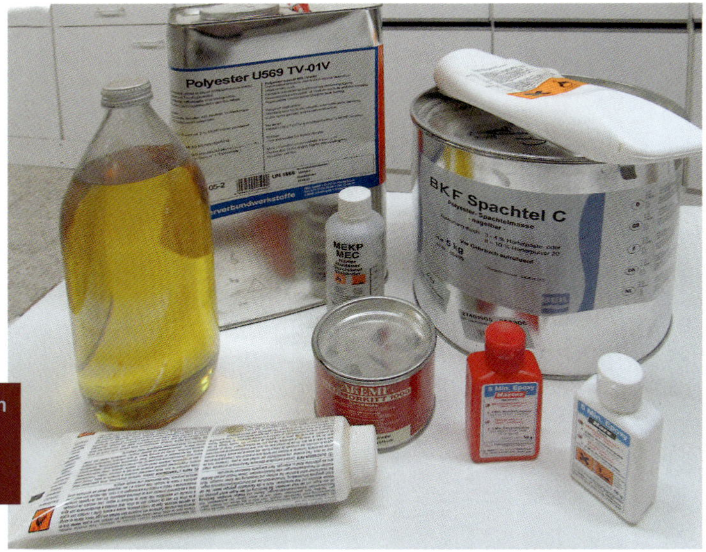

Polyester- und Epoxydharze in verschiedenen Gebindegrößen, vom Kanister bis zum Fläschchen.

Epoxydharz und Härter mit mittlerer Topfzeit sind zum Laminieren größerer Objekte hervorragend geeignet.

Wichtige Utensilien: Rührbecher und Pinsel

Wiederverwendbare Rührbecher kann man sich aus Silikon auch selbst herstellen. Für kleine Modelle halbiert man einen Tischtennisball und stellt ihn mit der Schnittkante auf eine Unterlage. Dann stülpt man eine Dose oder einen Becher ohne Boden mit zwei Zentimeter größerem Umfang darüber. Wenn man nun Silikon eingießt, bis der Ball bedeckt ist, hat man nach dem Aushärten des Silikons einen Rührbecher, aus dem man Kunstharzrückstände immer wieder entfernen kann. Damit das Silikon nicht an Ball und Dose klebt, muss man vor dem Eingießen eine Trennschicht aufbringen; dazu kann man Vaseline oder ein spezielles Trennspray benutzen. Außerdem muss man die Ränder abdichten, damit das Silikon nicht unter dem Ball oder aus der Dose herausläuft. Für größere Becher benötigt man entsprechend größere Utensilien. Gießfähiges Silikon und Trennspray sind im Modellbau-Fachhandel erhältlich.

Außerdem sollte man sich für die Arbeit mit Kunstharzen genügend Pinsel besorgen, weil sie oft nur einmal benutzt werden können. Säubern lohnt sich in den meisten Fällen nicht, weswegen billige Pinsel vollkommen ausreichen. Abgebrochene Stiele können zudem als Rührstäbchen verwendet werden. Mit zwei bis drei Zentimeter breiten Spachteln kann man spachtelfähiges Kunstharz gut verarbeiten. Anschließend sollten diese immer mit Lösungsmittel gereinigt werden, bevor das Harz ausgehärtet ist; andernfalls bekommt man die Spachtel nur mit einem Heißluftföhn oder durch direktes Abbrennen sauber. Abgesehen von dem entsetzlichen Gestank ist das natürlich auch nicht gesund.

Welches Kunstharz man benutzt, muss jeder selbst entscheiden. Sowohl für Polyester- als auch Epoxydharze gibt es Befürworter und Gegner, denn die Harze haben jeweils Vor- und Nachteile. Ein Vorteil der Polyesterharze ist, dass die zugegebene Härtermenge in einem gewissen Rahmen variabel ist. Man kann also die Aushärtezeit beeinflussen, indem man etwas mehr oder etwas weniger Härter zugibt. Bei zu wenig Härter härtet das Harz allerdings nicht mehr vollständig aus, bei zu viel fängt es an zu kochen und wird spröde. Mit etwas Übung weiß man aber, wie viel Härter man zugeben kann, und hat schnell die benötigte Menge angerührt. Der Nachteil ist, dass das im Harz enthaltene Lösemittel Styrol selbst nach Jahren noch stinkt und ausgast. Dadurch schrumpft das Polyesterharz und im schlimmsten Fall können Risse entstehen.

Dagegen ist Epoxydharz in der Regel geruchlos und schrumpft weniger. Dafür muss das Verhältnis von Harz und Härter genau eingehalten werden. Das heißt, man benötigt eine Waage, die mindestens auf 0,5 Gramm genau ist, besser noch auf 0,2 Gramm. In der Regel reicht eine gute Haushaltswaage dafür aus. Das Anmischen ist mit etwas Rechnen verbunden, was die Vorbereitung ein wenig verlängert. Berechnungsfehler im Mischungsverhältnis können bei den Epoxydharzen dazu führen, dass sie überhaupt nicht aushärten und vom Fossil wieder entfernt werden müssen. Auch hier macht die Übung den Meister. Eine Beeinflussung der Aushärtezeit ist bei Epoxydharzen nur durch die Zugabe unterschiedlicher Härter möglich.

Ein großer Nachteil der Epoxydharze sind die im Harz enthaltenen Amine, die durch die Haut dringen, was sehr ungesund ist. Deshalb gilt auch generell beim Umgang mit Kunstharzen: Handschuhpflicht! Da einfache Gummihandschuhe aus der Haushaltsabteilung vor Aminen nicht schützen, sollte man sich spezielle Nitril-Handschuhe besorgen.

Kleben mit Holzleim

Deutlich einfacher sind Klebungen mit schlichtem Holzleim, den es in mehreren Variationen gibt: den klassischen Leim, den wasserfesten und den etwas schneller trocknenden Expressleim. Mit Ausnahme des wasserfesten löst sich Holzleim unter Wasser wieder auf. Das ist vor allem dann praktisch, wenn eine Klebung nicht gelungen ist und man sie wieder auseinandernehmen will. Allen Holzleimen ist

Eine Klebekiste ist hilfreich

Leime von verschiedenen Anbietern: klassischer Holzleim, wasserfester und belastbarerer Fugenleim. Stark belastbar ist der Montagekleber.

gemein, dass die Aushärtezeit um ein Vielfaches höher ist als bei Sekundenklebern und Kunstharzen. Genau genommen härtet Holzleim auch nicht aus, sondern trocknet durch die Verdunstung des enthaltenen Wassers. Ein großer Vorteil ist, dass Holzleim nicht giftig ist.

Klebekisten, unten eine große und oben eine kleine.

Bei längeren Aushärtezeiten würde es zu lange dauern, wenn man zwei zusammengepresste Steinbrocken in die Hand nimmt und wartet, bis sie getrocknet sind. Deshalb baut man sich am besten eine Klebekiste. Für kleine Stücke reicht schon ein Schuhkarton, für größere braucht man einen größeren Karton oder eine Holzkiste, die man bis auf ein paar Zentimeter unter den Rand mit trockenem Sand befüllt. Auf jeden Fall muss der Sand tief genug sein, dass beim Kleben eines der Bruchstücke so tief wie möglich eingegraben werden kann.

Grundsätzlich gilt beim Kleben: Je besser die Vorbereitung, desto besser die Klebung! Ich beginne deshalb immer damit, dass ich mir die zu klebenden Teile anschaue und mir folgende Fragen stelle:

- Wie groß wird das fertig geklebte Stück? Dabei habe ich die spätere Präparation im Hinterkopf. Was nach dem Kleben noch gut zu bewegen ist, kann man vor der Präparation kleben, vorausgesetzt die Bruchflächen sind sauber und passen exakt aufeinander. Wenn man aber einen schweren Brocken oder eine große Steinplatte in Einzelteilen hat, sollte man erst einmal die einzelnen Bruchstücke präparieren und später kleben. In diesem Fall lässt man aber beim Präparieren an der Bruchkante einen ein bis zwei Zentimeter breiten Rand stehen, damit die Kante nicht ausbricht. Den Rand kann man nach dem Kleben wegpräparieren.
- Wie viele Klebungen muss ich machen? Wenn ein Stück mehrfach gebrochen ist, macht man eine Klebung nach der anderen. Also möglichst immer nur zwei Teile miteinander verkleben! Drei Teile

gleichzeitig klebt man nur dann, wenn zwei Bruchstücke ein drittes teilweise umschließen oder einklemmen. Sonst würde man das dritte Teil nach der ersten Klebung nicht mehr ansetzen können. Vier oder noch mehr Stücke gleichzeitig zu verkleben, funktioniert in der Regel nicht.
- Wo liegt in der Bruchfläche das Fossil? Kann man es erkennen, markiert man außen am Gestein, wo und wie tief es liegt. Ist das Fossil nach dem Kleben wieder vollständig vom Gestein umschlossen, kann man es beim Präparieren anhand der Markierung leichter wiederfinden.

Man sucht sich also zwei Teile zum Kleben aus. Wenn man nur einen Bruch hat, fällt die Auswahl nicht schwer. Dann setzt man die Stücke ohne Kleber zusammen, um zu sehen, wie sie passen. Dabei merkt man auch, wenn zwischen den Bruchflächen noch lose Gesteinskrümel haften. Diese müssen natürlich sorgfältig entfernt werden, weil sie andernfalls später die Klebung verderben können. Wenn beide Teile sauber zusammenpassen, zeichnet man zwei oder drei Bleistiftstriche quer über den Bruch. Anhand dieser Markierungen kann man die Stücke jederzeit wieder schnell und richtig zusammensetzen.

Beim Kleben entsteht immer eine Klebefuge. Wie breit diese wird, sieht man bereits beim Zusammensetzen. Breite Klebefugen entstehen, wenn durch Verwitterung oder Ausbrechen Material an den Bruchflächen fehlt. Schmale Klebefugen hingegen erhält man meistens bei ganz frischen Brüchen. Im Idealfall ist die Klebung dann später kaum noch zu sehen.

In der Bruchfläche ist das Fossil zu sehen. Wird jetzt markiert, wo es liegt, kann es später leichter wiedergefunden werden.

Außerdem sollte man grundsätzlich vor dem Kleben die Bruchflächen mit Lösemittel und einem fusselfreien Lappen reinigen. Das Lösemittel treibt Feuchtigkeit aus und entfernt Fettrückstände, die vom Berühren der Bruchflächen mit den Fingern stammen. Anpusten lässt das Lösemittel schnell wieder verfliegen.

Welchen Kleber soll ich benutzen?

Welchen Kleber man für welche Klebung benutzt, hängt einerseits von der Fuge ab. Je breiter diese wird, desto zähflüssiger muss der Kleber sein. Sind an den Bruchflächen Stücke ausgebrochen oder weggewittert, nimmt man am besten ein spachtelfähiges Kunstharz. Beim Kleben werden dabei die Fehlstellen aufgefüllt. Mehrere Fehlstellen bedeuten auch, dass man mehr Kleber benötigt. Wie viel ich verwenden muss, habe ich auch erst im Laufe der Zeit gelernt. Generell ist es besser, zu viel Kleber zu benutzen als zu wenig. Überschüssigen Klebstoff kann man wieder entfernen, nachträglich aber Kleber in eine nicht vollständig verfüllte Klebefuge zu füllen, ist schwierig.

Außerdem hängt die Auswahl des Klebers von der Größe der Bruchflächen ab. Kleine Brüche von bis zu einigen Quadratzentimetern Fläche klebe ich immer mit Sekundenkleber. Weil kleine Brüche in der Regel höchstens kleinere Fehlstellen haben, reicht der Sekundenkleber zum Auffüllen aus. Nach dem Reinigen trägt man auf der einen Bruchfläche Sekundenkleber auf – je nach Breite der Fuge dünnflüssigen oder zähflüssigeren – und sprüht etwas Beschleuniger auf das Gegenstück. Jetzt schnell zusammensetzen und fest zusammenpressen, aber natürlich nicht so fest, dass die Stücke an anderer Stelle brechen. Man sollte immer aufpassen, dass die Teile richtig sitzen und nicht verrutschen, und auf die Bleistiftmarkierungen achten. Nach ein paar Sekunden kann man den Druck wegnehmen und sehen, ob die Klebung hält. Zur Sicherheit legt man das Stück aber noch ein paar Minuten zur Seite oder stellt es in die Klebekiste, um dem Kleber Zeit zum Durchhärten zu lassen.

Solche Klebungen kann man auch mit Holzleim machen. Weil dieser länger braucht, um zu trocknen, benutzt man dabei am besten die Klebekiste. Man gräbt das größere oder das schwerere der beiden zu verklebenden Teile so in den Sand ein, dass es sicher steht und die Bruchfläche nach oben hin aus dem Sand ragt. Darauf balanciert man das zweite Teil aus, bis beide zusammen sicher stehen und die Bleistiftmarkierungen passen. Bei sehr hohen Stücken muss man eventuell mit Holzleisten von außen abstützen, damit nichts wackelt. Dann nimmt man das obere Teil wieder ab. Dieser Voraufbau ist immer sinnvoll, weil man dann beim Kleben weiß, wie man die Stücke schnell ausgerichtet bekommt. Das ist vor allem dann wichtig, wenn man mit Kunstharz arbeitet, weil dieses sehr schnell aushärtet und einem nicht viel Zeit zum Ausrichten lässt.

Diese Klebefuge ist nach der Präparation nur noch ein schmaler Strich. Man sieht, wo der Klebstoff die Fehlstellen der Bruchfläche aufgefüllt hat.

Als nächstes macht man die Bruchflächen sauber und trägt den Holzleim auf – am besten auf beiden Stücken, damit wirklich überall auf den Flächen Kleber ist. Danach wird das obere Teil wieder aufgesetzt und fest angedrückt. Sollte es dabei verrutschen, kann man es – wie im Vorfeld geprobt – wieder ausrichten. Wenn alles sicher steht, braucht man nur noch abzuwarten. Klebstoff, der aus der Fuge quillt, kann man mit einem Messer oder Skalpell wegschneiden, wenn er beginnt, hart zu werden. Allerdings muss man dabei den genauen Zeitpunkt abpassen und an dem ausbalancierten Aufbau arbeiten, wenn der Kleber noch nicht vollständig ausgehärtet ist. Besser ist es deshalb, die überstehenden Wülste stehen zu lassen und sie dann bei der Präparation vorsichtig mit Hammer und Meißel abzuschlagen.

Überschüssiger Klebstoff hat sich beim Anpressen aus der Fuge gedrückt. Nach dem Aushärten kann er leicht weggemeißelt werden.

Der Voraufbau ermöglicht, die einzelnen Teile sorgfältig auszubalancieren. Hier ist auch deutlich zu sehen, wie ein Stück nach dem anderen angeklebt wurde.

Kleben größerer Bruchflächen

Bei größeren Bruchflächen dauert es in der Regel etwas länger, die Stücke genau zusammenzusetzen. Deshalb ist Sekundenkleber für große Klebungen nicht geeignet. Ich nehme dafür immer Kunstharz, je nach Klebefuge und Fehlstellen dünnflüssiges oder spachtelfähiges. Kunstharz hat auch den Vorteil, dass es sich einfärben lässt. Im Mörser kann man schnell etwas Gestein zerstoßen und untermischen. Dabei muss man peinlich genau darauf achten, dass im Gesteinsmehl keine Krümel enthalten sind, weil diese in der Klebefuge stören würden. Nur mit Gesteinsmehl bekommt man die Farbe aber nicht genau abgestimmt, weil das Kunstharz selbst auch die Farbe beeinflusst. Deshalb benutzt man am besten zusätzlich noch Pigmente oder zerstoßene Farbkreiden. Weil Kunstharze glücklicherweise recht unempfindlich sind, kann man auf diese Weise die Klebefuge farblich gut an das Gestein anpassen.

Große Klebungen mache ich grundsätzlich in der Klebekiste. Die Vorgehensweise ist dabei dieselbe, wie ich sie oben beschrieben habe. Nachdem ich alle Vorbereitungen getroffen habe, rühre ich das Kunstharz an und trage es auf beide Bruchflächen auf. Beim Ausrichten darf man sich dann aber nicht zu viel Zeit lassen, weil das Aushärten oft ganz plötzlich beginnt und dann alles passen muss.

Immer ein Stück nach dem anderen verarbeiten

Zum Kleben sehr schwerer oder aufgrund ihrer Größe unhandlicher Stücke braucht man ein wenig Hilfe. Für mehrere Quadratmeter große Platten, die auch in der Sandkiste nicht mehr zu stabilisieren sind, baut man sich am besten eine Stellage. Auf einem stabilen Rahmen, etwas größer als die fertige Platte, befestigt man dazu Querlatten im Abstand von zwanzig bis dreißig Zentimetern. Der Aufbau sollte ähnlich wie eine Staffelei leicht schräg gestellt sein, damit man die Platte von unten nach oben so weit wie möglich aufbauen kann, wobei die Teile mit Holzkeilen zwischen Fossilplatte und Querlatten ausgerichtet werden. Dadurch erkennt man außerdem, ob die Platte auch beim Ankleben des dritten und vierten Teils noch gerade sein wird. Das überprüft man mit einer exakt geraden Holzlatte oder einer Richtlatte aus dem Baumarkt. Damit sind auch leichte Knicke an der Klebenaht gut zu erkennen. Die Positionen der Keile werden genau markiert, müssen aber bei der Klebung immer wieder überprüft und die Platten eventuell nachgerichtet werden. Weitere Teile werden immer erst dann angeklebt, wenn die vorhergehende Klebung ausgehärtet ist, damit keine Verschiebungen entstehen.

Niemals hier zwei Stücke und dort zwei Stücke zusammensetzen und dann versuchen, in einer dritten Klebung alle vier zusammenzubringen, sondern immer ein Teil nach dem anderen verarbeiten. Wenn alles geklebt ist, stabilisiert man die Platte, indem man auf der Rückseite, zwischen den Querlatten, einen glasfaserverstärkten Kunststoff aufbringt. Wie das funktioniert, ist weiter unten beschrieben. Wenn der Kunststoff ausgehärtet ist, kann man die Platte vorsichtig nach vorne kippen und komplett verstärken.

Problematisch ist das Kleben großer Fossilplatten in der Horizontalen, zum Beispiel auf einem Tisch. Das Ausrichten ist zeit- und nervenraubend, weil zusätzlich zur Ausrichtung der Einzelplatten zueinander auch noch die Unebenheiten des Gesteins ausgeglichen werden müssen. Außerdem kann man nicht mehr als zwei Teile zur Probe aufbauen, weil die Keile, die man zum Ausrichten unterschieben muss, bei dem dritten Teil stören. So läuft man Gefahr, dass spätestens beim vierten oder fünften Teil die Platte nicht mehr gerade ist. Außerdem fehlt der für eine Klebung nötige Anpressdruck, weil man die einzelnen Stücke in der Horizontalen nur zusammenschieben kann. Laminieren ist von der Rückseite ebenfalls nicht möglich, ohne die Platte zu drehen, wodurch eine erhöhte Bruchgefahr besteht.

Wenn die Form und die Größe der Stücke es zulassen, kann man, statt mit der Klebekiste zu arbeiten, auch eine Schraubzwinge oder Leimklemme benutzen, um die Teile zusammenzupressen. Aber Achtung, dabei können sie leicht verrutschen!

Wenn doch einmal etwas verschoben oder das Kunstharz zu schnell ausgehärtet ist, bleibt einem nichts anderes übrig, als das geklebte Stück wieder zu zerbrechen und die Kleberrückstände mühsam zu entfernen. Hinterher passen die Stücke allerdings oft nicht mehr so gut zusammen. Manchmal sind Klebstoffe leider auch widerstandsfähiger als das geklebte Gestein, sodass es an anderer Stelle zerbricht. Im schlimmsten Fall ist das Stück dann nicht mehr zu retten. Also beim Kleben immer sorgfältig arbeiten!

Rettung für das Gebrösel – Stabilisieren

Glücklich ist der Sammler, der sein Fossil in wenigen massiven Stücken bergen kann. Bedauernswert ist dagegen sein Kollege, dessen Fund ihm in den Fingern zerbröselt.

Solch ein Stück kann man nur retten, wenn man es vor und während der Bergung stabilisiert. Im Gelände ist Sekundenkleber dafür das richtige Mittel. Diesen lässt man in sämtliche Risse laufen, um zumindest einen transportfähigen Zustand herzustellen. Wenn das nicht gelingt, kann das Stück im Grunde nicht mehr präpariert werden.

Manchmal zeigt auch erst eine genaue Betrachtung in der Werkstatt, dass ein Stück zwar noch nicht zerbrochen ist, sich aber an der Oberfläche Risse zeigen. Das können feinste Haarrisse sein, die sich durch die Erschütterungen bei der Präparation erweitern und im schlimmsten Fall zu Brüchen werden würden. Deshalb muss man auch hier die Risse mit Sekundenkleber stabilisieren. Damit dieser vollständig in die Risse eindringen kann, ist es sinnvoll, das Stück erst trocknen zu lassen.

Frisch geborgene Funde enthalten meist Feuchtigkeit, die sogenannte Bergfeuchte. Das bedeutet, dass sich in den feinen Poren des Gesteins Wasser befindet und kein Kleber eindringen kann. Aber Vorsicht:

Risse und poröse Bereiche wurden bei diesem Fossil mit Sekundenkleber stabilisiert.

Bei manchen Gesteinen kann das Trocknen zur weiteren Rissbildung oder völligem Zerfall führen! Die Funde sollten deshalb langsam getrocknet werden, am besten zuerst in einem Kellerraum und danach in der Wohnung. Auf gar keinen Fall sollte man mit einem Föhn arbeiten oder das Fossil in die Sonne oder sogar auf die Heizung legen.

Stabilisieren mit Sekundenkleber

Wenn das Stück trocken ist, lässt man so lange Sekundenkleber in die Risse laufen, bis diese verfüllt sind. Für breitere Risse nimmt man zähflüssigeren Sekundenkleber. Bei Haarrissen reicht es manchmal, den Kleber an einer Stelle aufzutragen, weil er von selbst in den gesamten Riss hineinläuft. Ist das nicht ausreichend, gibt man den Kleber der gesamten Länge nach auf den Riss und lässt ihn einziehen. Dies wird so oft wiederholt, bis der Riss verfüllt ist. Manchmal können sich die Risse aber auch durch das gesamte Stück ziehen, sodass unten oder an der Seite der Kleber wieder herausfließt. Mir ist es auf diese Weise schon einmal passiert, dass ich einen Stein auf den Tisch geklebt habe. Seitdem werde ich immer spätestens dann misstrauisch, wenn ich größere Mengen Kleber in einen Riss gefüllt habe, der dennoch nicht voll wird. Wenn das passiert, lässt man den Kleber am besten erst einmal hart werden und macht später weiter. Wenn der Riss voll ist, zieht sich der Kleber nicht mehr hinein und bleibt auf der Oberfläche. Beschleuniger zu benutzen ist nicht ratsam, weil der Kleber an der Oberfläche sofort aushärten würde, während er tiefer im Riss abgeschlossen ist, und womöglich mehrere Tage zum Durchhärten braucht.

Stabilisieren mit Kunstharz

Manchmal können Stücke auch so groß sein, dass man Unmengen von Sekundenkleber bräuchte, oder sie sind von so vielen Rissen durchzogen, dass es unmöglich wäre, jeden einzelnen zu verfüllen. Dann nimmt man zum Stabilisieren besser Kunstharz; für feine Risse muss es allerdings verdünnt werden. Im Handel gibt es die zum jeweiligen Kunstharz passenden Lösemittel und Zusätze. Je feiner die Risse sind, desto dünnflüssiger muss das Kunstharz sein. Eventuell reicht auch farbloser Tiefgrund aus dem Baumarkt, der normalerweise benutzt wird, um Estriche für Bodenbeläge oder Wände für Putze vorzubereiten.

Ich persönlich benutze aber lieber Kunstharz. Unter das Stück legt man vor der Verwendung eine stabile Kunststofffolie – idealerweise aus einem Material, auf dem das Harz nicht klebt. In der Gebrauchsanleitung steht, welche das sind. Von Alufolie ist abzuraten, da sie, sollte sie am Gestein festkleben, nur schwer wieder zu entfernen ist.

Das Kunstharz wird auf der Oberseite des gesamten Stücks aufgepinselt. Poröse Gesteine saugen das verdünnte Harz regelrecht auf. Es wird so lange aufgetragen, bis vom Gestein nichts mehr aufgenommen wird. In Risse zieht sich das Harz hinein, bis diese verfüllt sind oder das Harz an anderer Stelle wieder herausläuft. Dann muss man warten, bis alles ausgehärtet ist. Bei Bedarf kann die Prozedur seitlich und an der Unterseite wiederholt werden.

Größere Steinplatten kann man, sofern das nicht schon im Gelände gemacht wurde, mit einer Schicht Laminat stabilisieren. Laminieren bedeutet in diesem Zusammenhang nicht, dass man die Platte in eine Laminierfolie einschweißt. Stattdessen wird auf der Seite, die unpräpariert bleiben soll, eine Schicht von mit Glasfasern verstärktem Kunststoff aufgetragen, kurz auch GFK genannt.

Die Glasfaserstücke sind zugeschnitten und ausgelegt. Man kann auch die Überlappung (1–2 cm) und den freien Rand (1–2 cm) erkennen.

Laminieren von Gesteinsplatten

Zuerst muss man sich dazu eine Glasfasermatte besorgen. Die gibt es, wie die Kunststoffe und Klebstoffe auch, im Modellbau-Fachhandel, meistens als Rollenware. Die Matte wird vor dem Verarbeiten in kleinere Stücke geschnitten, abhängig von der Größe der Laminierfläche. Bei einem halben Quadratmeter würde ich eine Größe von etwa zwanzig mal dreißig Zentimeter wählen. Wenn man die Matte an einem Stück verarbeitet, besteht die Gefahr, dass Luftblasen darunter bleiben, die eine stabilisierende Wirkung verringern. Selbst kleine Blasen sind schon störend, denn diese dehnen sich mit der Zeit aus, weil das Kunstharz beim Aushärten Wärme entwickelt.

Beim Zuschneiden der Stücke sollte beachtet werden, dass diese sich ein paar Zentimeter überlappen. Außen herum sollte ein Rand von zwei bis drei Zentimetern frei gelassen werden. Weil sich Glasfasern in Verbindung mit Kunststoff in spitze Stacheln verwandeln können, verhindert der frei gelassene Rand, dass die Platte nach dem Laminieren einen „Stachelkranz“ hat.

Vor der Stabilisierung mit Laminat muss die Fläche mit Lösungsmittel gereinigt werden. Dann wird die zu laminierende Fläche eingepinselt, wobei man den äußeren Rand frei lässt. Anschließend nimmt man eines der geschnittenen Stücke und taucht es kurz in das Harz, bis es vollständig bedeckt ist – allerdings darf man nicht zu viel verwenden, weil das Stück Glasfasermatte sonst leicht zerreißen kann. Und auf gar keinen Fall dabei die Handschuhe vergessen! Dann legt man das getränkte Stück auf die Platte, taucht einen Pinsel in das Harz und tupft es damit an. Dabei sollte immer darauf geachtet werden, dass sich keine Glasfasern aufrichten, die zu spitzen Stacheln würden, an denen man sich verletzen kann. Bei der hier beschriebenen Vorgehensweise hat man erfahrungsgemäß weniger Luftblasen und weniger „Stacheln".

Auf diese Weise werden alle Stücke verarbeitet. Bei großen Flächen empfiehlt es sich, das Kunstharz zwischendurch neu anzurühren, damit es nicht schon während der Arbeit aushärtet.

Sollte sich nach dem Aushärten herausstellen, dass an einigen Stellen Stacheln oder scharfe Kanten entstanden sind, kann man diese mit Schleifpapier entschärfen. Ist das Fossil genügend stabilisiert und sind alle Risse verklebt, kann endlich mit der Präparation begonnen werden!

Nach dem Aushärten bildet die Glasfasermatte mit dem Kunstharz eine stabilisierende Schicht. Der schwarze Streifen ist Kunstharz ohne Glasfaser, der graue Streifen darüber ist der Rest vom freien Rand.

Bereits im Gelände mit Glasfasermatten und Epoxydharz gefestigte und laminierte, mehrere Meter große Seelilienkolonie aus dem schwäbischen Unterjura. So vorbereitet, konnte das riesige, in Hunderte von Teilen zerbrochene Stück in nur wenigen Platten geborgen werden.

Eigene Erfahrungen und Notizen

Die mechanische Präparation – Grobes und Feines

Mechanisch präparieren bedeutet, dass man unter Zuhilfenahme von Werkzeugen Fossilien freilegt. Deshalb eines vorweg: Selbst eine Schritt-für-Schritt-Anleitung kann niemanden zum guten Präparator machen, der zwei linke Hände und zehn Daumen hat. Zumindest ansatzweise sollte man zur Handhabung von Werkzeugen in der Lage sein.

Präparation mit Hammer und Meißel

Aber niemand sollte sich davon jetzt entmutigen lassen, denn manchmal kann man sich auch selbst mit unentdeckten Talenten überraschen. Und sogar mit Talent ist jede Menge Zeit, Übung und Geduld notwendig, bis man ein Fossil so präparieren kann, dass es am Ende den eigenen Vorstellungen entspricht. In der Regel benötigt man jede Menge Übungsstücke, die nach den ersten Präparationsversuchen nur noch für die Abraumhalde taugen. Für die ersten Versuche sollte deshalb nicht gerade der heiß geliebte Erstfund oder gar das mutmaßlich besondere Stück genommen werden. Man sollte lieber zu Stücken greifen, deren Verlust leicht zu verschmerzen ist, bis man genügend Erfahrung gesammelt hat.

Jedes Fossil ist einzigartig und jedes Gestein verhält sich bei der Bearbeitung anders. Nicht alle kann man mit Hammer und Meißel bearbeiten. Manche Gesteine sind so hart, dass man daran verzweifeln möchte. Andere wiederum sind so weich, dass man sie ausschließlich mit Schabern bearbeiten kann. Oft ist eine Kombination verschiedener Werkzeuge vonnöten. Von Stück zu Stück und auch während der Präparation muss man immer wieder aufs Neue bewerten, wie man am besten vorgeht. Deshalb ist es auch ratsam, bei der Bergung im Gelände ein paar zusätzliche Gesteinsbrocken zum Probieren mitzunehmen. Grundsätzlich ist es empfehlenswert, sich über seine Präparationsprojekte Notizen zu machen, in denen man bei späteren Präparationen immer wieder mal nachschauen kann. Ein paar Fotos können ebenfalls hilfreich sein und sind im Zeitalter der Handy- und Digitalkameras auch meistens kein großer Aufwand.

Um dem Leser einen Einblick zu verschaffen, wie eine Präparation grundsätzlich vonstatten geht, wird hier das Freilegen eines Fossils mit Hammer und Meißel beschrieben, weil dies die ursprünglichste aller Präparationsmethoden ist. Es ist auch empfehlenswert, diese Jahrhunderte alte Technik erst einmal zu üben, bevor man zu professionellerem Werkzeug greift.

Wie immer schaut man sich das Stück vor der eigentlichen Arbeit genau an:

- Kann ich irgendwo am Stück feine Risse erkennen? Dann muss ich erst stabilisieren, ansonsten kann es beim Präparieren zerbrechen.
- Was für ein Fossil könnte in dem Gestein sein?
- Wie könnte es aussehen?
- Ist das Fossil vielleicht deformiert?
- Ist es körperlich, also dreidimensional erhalten, oder platt gedrückt?

- Habe ich einen Einzelfund oder eine Platte mit mehreren Fossilien?
- Sollte ich einen Einzelfund isolieren oder im umgebenden Gestein belassen? Einzelne Fossilien zu isolieren, also komplett vom umgebenden Gestein zu befreien, ist Geschmackssache, körperliche Erhaltung ist allerdings Voraussetzung. Damit nimmt man sich aber die Gestaltungsmöglichkeiten für das fertige Stück. Vergemeinschaftete Fossilien zu isolieren ist nicht sinnvoll, es sei denn, man möchte jedes einzeln in seine Sammlung aufnehmen. Dann sollte man dies aber auch notieren, sodass man auch einige Jahre später noch nachvollziehen kann, welche Stücke zusammengehören.
- Habe ich nur ein Teilstück einer größeren Fossilplatte? Große Platten, die nach dem Kleben nur noch schwer zu bewegen sind, präpariert man in Einzelteilen und klebt sie später. Dann sollte man an den Bruchkanten das Gestein nicht wegpräparieren, sondern ein bis zwei Zentimeter Rand stehen lassen. Ansonsten besteht die Gefahr, dass das Fossil ausbricht. Der Rand wird nach der Klebung wegpräpariert.
- War mein Fossil oder meine Fossilplatte zerbrochen und wurde geklebt? Dann habe ich hoffentlich die Lage des Fossils auf der Oberfläche markiert. Das macht es mir leichter, es wiederzufinden.
- Welche Seite soll ich präparieren? Fossilien sind in der Regel von der Unterseite besser erhalten, da die Oberseite vor der vollständigen Einbettung der Zerstörung durch Umwelteinflüsse und/oder Aasfresser ausgesetzt war. Dies setzt allerdings voraus, dass im Gelände die Ober- oder Unterseite gekennzeichnet wurde.
- Kann ich an einer Stelle etwas von der Fossiloberfläche erkennen? Das wäre ideal.
- Wenn ich nichts von dem Fossil erkennen kann, zeichnet sich zumindest etwas an der Gesteinsoberfläche ab, möglicherweise eine kleine Beule oder Delle?

Erst präpariert und dann geklebt. Damit die Fossilkante nicht ausbricht, bleiben 1–2 cm Rand stehen.

Dies ist die Ansatzstelle für die Präparation.

Trennfuge und Trennverhalten

Vorher stellt sich allerdings noch die Frage, wie man die Oberfläche des Fossils bestimmen kann. Um dies zu erkennen, hat uns die Natur zwei Hilfsmittel an die Hand gegeben, die Trennfuge und das Trennverhalten. Die Trennfuge gibt es, je nach Gestein und Fossilisationsbedingungen, in unterschiedlichsten Ausprägungen. Klar und deutlich ist sie dort, wo es einen eindeutigen Material- und Farbunterschied zwischen Fossil und Umgebungsgestein gibt. Schwerer ist sie zu erkennen, wenn sie nur durch eine hauchdünne, farblich abgesetzte Schicht die Fossiloberfläche nachzeichnet.

Auch das Trennverhalten kommt in allen Abstufungen vor, von „optimal“ bis „kaum vorhanden“. Je nach Ausprägung von Trennfuge und Trennverhalten kann man den Anspruch bestimmen, den ein Fossil an den Präparator stellt. Ist beides kaum vorhanden, kann das Präparieren mitunter schon frustrierend sein. Aber bei deutlicher Trennfuge und gutem Trennverhalten macht die Präparation Spaß.

Eine gute Ansatzstelle für die Präparation. Es ist schon ein Stück vom Fossil zu sehen und der weitere Verlauf ist an den Unebenheiten der Gesteinsoberfläche zu erkennen.

Zunächst das Grobe …

Also los. Wo ist mein Fossil? Wo zeichnet sich etwas im Gestein ab? Wenn man das Fossil erkennen oder zumindest erahnen kann, hat man eine erste Stelle, wo man Hammer und Meißel ansetzt. Dabei darf die Schutzbrille aber nicht vergessen werden! Welche Werkzeuggröße angemessen ist, hängt natürlich von der Größe des Stückes ab. Weder sollte man mit einem fünfhundert Gramm schweren Hammer auf ein handtellergroßes Objekt einschlagen noch mit einem Fliesenlegerhämmerchen einen riesigen Brocken bearbeiten.

Kann man nichts vom Fossil sehen, weiß man nicht, wie tief es im Gestein liegt. Darum wählt man erst einmal den kleinstmöglichen angemessenen Hammer mit dem entsprechenden Meißel und beginnt vorsichtig, das Gestein abzutragen. Wie groß die Schlagkraft ist, die man dabei aufbringen muss, muss zunächst ausprobiert werden. Das macht man so lange, bis man das Fossil gefunden hat. Mit etwas Pech kann man auch mal mitten in das Fossil hineinhauen. Hat man solch einen Volltreffer bemerkt, sucht man gleich den Splitter und kontrolliert, ob daran noch Teile vom Fossil haften. Anschließend kann man ihn mit einem Tropfen Sekundenkleber wieder aufkleben. Solch ein versehentliches Abschlagen ist zwar ärgerlich, aber zumindest weiß man dann, wo das Fossil liegt. So ein „Eröffnungsspiel“ kommt immer wieder mal vor. Mit etwas Glück hat aber die Trennfuge ein wenig geholfen und man hat das erste Stück des Fossils sauber freigelegt. Dieses

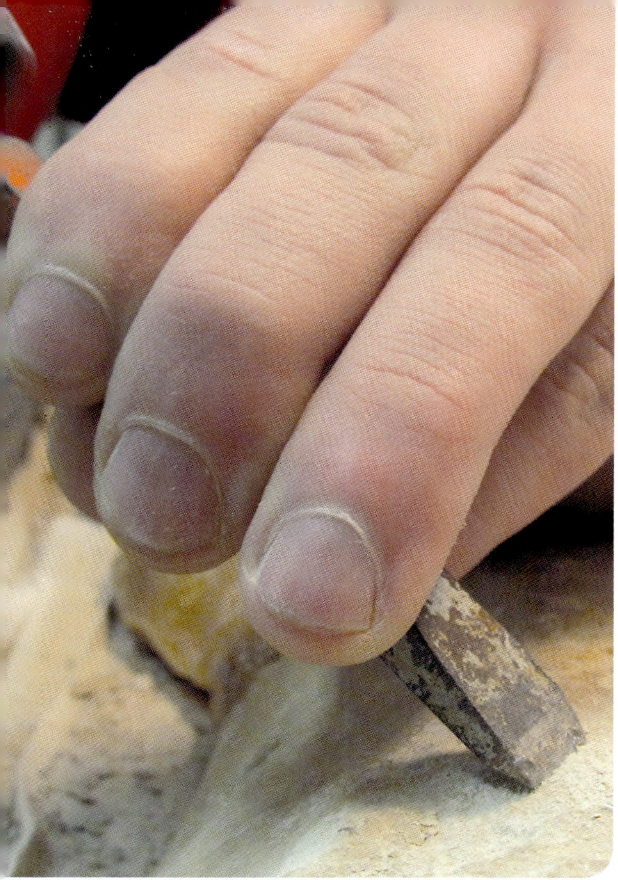

Mit Hammer und Meißel auf der Suche nach dem Fossil.

„Fenster“ kann man jetzt vorsichtig erweitern, bis man Platz genug hat, um weiter am Fossil zu arbeiten.

Einfacher ist es, wenn man vor dem Kleben die Lage des Fossils im Querbruch erkennen konnte. Dann kann man direkt markieren, wo und wie tief das Fossil liegt und dementsprechend vorsichtig oder mit feinerem Werkzeug das Präparationsfenster anlegen. Am einfachsten ist es, wenn man von vornherein schon etwas vom Fossil erkennen kann – ein vorgegebenes Fenster sozusagen. Feineres Werkzeug ist hierfür am besten geeignet, zum Beispiel der kleine Fliesenlegerhammer und der zum Feinstmeißel umfunktionierte Uhrmacherschraubenzieher.

Auf der Suche nach dem Fossil

Grundsätzlich gilt: Je näher man am Fossil arbeitet, desto feiner muss das benutzte Werkzeug sein!

Nach langer Suche wurde das Fossil endlich gefunden.

Nach und nach wird das Fossil freigelegt

In einem Bereich von einem bis zwei Millimetern um die sichtbare Fossiloberfläche wird dann der Meißel angesetzt. Dann schlägt man ganz leicht und vorsichtig mit dem Hammer darauf – und zwar in Richtung des Fossils –, bis sich mithilfe der Trennfuge das Gestein vom Fossil löst. Das ist ein kritischer Moment, in dem sofort der Druck vom Meißel genommen werden muss. Ziel ist es, das Fossil möglichst nicht zu berühren. Zwar wird im allgemeinen Sprachgebrauch von Fossilpräparation gesprochen, aber genau genommen sollte ja nur das Gestein bearbeitet werden. Die Praxis zeigt leider, dass sich Bearbeitungsspuren häufig nicht vermeiden lassen. Abgelöste Splitter greift man mit einer Pinzette und klebt sie sofort mit Sekundenkleber wieder an. Mit dem Kleber sollte man sparsam umgehen, damit er nicht in die Trennfuge läuft.

Mit einem Druckluftstichel geht es natürlich schneller als mit Hammer und Meißel.

Wenn man einen Druckluftstichel benutzt, ist das Vorgehen im Prinzip gleich. Der Vorteil dabei ist, dass die Schläge des Stichels das Gestein erschüttern, sodass die Trennfuge anspricht, bevor man mit dem Meißel das Fossil berührt. Durch die Abluft wird das losgelöste Gestein außerdem aus dem Arbeitsbereich geblasen. Gerät man mit dem Stichel doch einmal aus Versehen in das Fossil, bläst die Abluft leider aber auch die Splitter weg, die wieder angeklebt werden müssen.

Auf diese Weise arbeitet man sich also vorsichtig an der Fossiloberfläche entlang, wobei nicht gleich jeder Krümel und jede Anhaftung entfernt werden müssen. Das geschieht in einem gesonderten Arbeitsgang, wenn das Fossil grob freigelegt ist. Dabei muss man das Stück immer wieder drehen, um aus allen Richtungen arbeiten zu können. Hat man in dem angelegten Fenster keinen Platz mehr zum Arbeiten, nimmt man wieder das gröbere Werkzeug und erweitert das Fenster. Weil man jetzt mehr vom Fossil erkennt, kann man auch den Verlauf der Oberfläche besser abschätzen und entsprechend großflächiger arbeiten. Besitzt man einen Dremel oder Proxxon, kann man mit diesem und einer kleinen Trennscheibe Einschnitte in das Gestein machen. Die so geschaffenen Sollbruchstellen ermöglichen ein gezieltes Vorgehen beim Erweitern. Wenn das Präparationsfenster wieder groß genug ist, legt man das Fossil weiter frei, bis erneut erweitert werden muss. Auch beim Erweitern ist Vorsicht geboten, denn jederzeit können in einem Gesteinsbrocken unvermutet und überraschend weitere Fossilien auftauchen. Wenn dies zu spät bemerkt wird, ist das Fossil eventuell beschädigt und die Fehlstellen müssen ergänzt werden.

Der ständige Wechsel von gröberen und feineren Arbeiten macht das Präparieren abwechslungsreich. Außerdem hat man immer die Möglichkeit, an einer anderen Stelle weiterzuarbeiten, wenn man bei der einen nicht weiterkommt. Ich arbeite am liebsten so, dass ich am Stück an mehreren Stellen ansetze und mal da und mal dort arbeite. Das mag anfangs etwas chaotisch und ungeplant erscheinen, bringt mir aber den Vorteil, dass ich den Oberflächenverlauf besser einschätzen kann. Außerdem hilft es auch, immer wieder mal einen Meter zurückzugehen und sich das Stück aus der Distanz anzusehen.

Irgendwann schält sich dann ein Bild aus dem Gestein und man kann sich vorstellen, wie das fertige Stück aussehen wird. Darauf arbeitet man hin und dabei gibt es kein Richtig oder Falsch. Es ist die Freiheit eines Präparators, ein Stück so zu gestalten, wie er es sich vorstellt, oder sogar ein Fossil komplett zu isolieren.

... und dann das Feine

Wenn das Fossil weit genug freigelegt ist, kann man den nächsten Schritt in Angriff nehmen: die Feinpräparation. Um die feinen Details herauszuarbeiten, sind Hammer und Meißel natürlich nicht geeignet. Hierfür sind die feinsten Werkzeuge gefragt: Schaber, Kratzer und Präpariernadeln. Damit arbeitet man noch einmal alle Winkel und Kanten der gesamten Fossiloberfläche nach und entfernt möglichst alle anhaftenden Reste von Gestein und Sekundenkleber.

Ein Dremel oder Proxxon kann bei hartnäckig festsitzenden Anhaftungen hilfreich sein, da man diese bis knapp über die Oberfläche wegfräsen kann. Weil das Werkzeug sich dreht, hat man so gut wie keine Erschütterungen. Der Rest wird dann mit dem Schaber entfernt. Benutzt man einen Stichel, braucht man dafür eine spezielle Feinpräparationsnadel.

Immer an der Fossiloberfläche entlang präparieren. Achtung, falls noch andere Fossilteile auftauchen.

Zuletzt müssen noch die Bearbeitungsspuren entfernt werden

Mit Hammer, Meißel, Druckluftstichel und Sandstrahlgerät präparierter Pyritammonit (*Phylloceras*) aus dem Unterjura der Schwäbischen Alb (Slg. R. & W. Maisch, Metzingen).

Weil man dabei direkt am Fossil arbeitet, muss man äußerst vorsichtig sein. Wer über ein Stereomikroskop verfügt, kann natürlich sehr viel genauer vorgehen. Von Glasradierern rate ich für die Feinpräparation ab, denn damit verkratzt man sich die Fossiloberfläche.

Je nach Stück kann es auch sinnvoll sein, die feinen Details des Fossils durch Anwendung von chemischer Präparation freizulegen, die im nächsten Kapitel näher erläutert wird.

Oft wird die Zeit unterschätzt, die die Feinpräparation in Anspruch nimmt, denn nicht selten dauert sie fast so lange wie die Grobpräparation.

Hat man sich entschieden, das Fossil im Gestein zu belassen, gibt es nur noch ein Letztes zu tun. Nach der Präparation ist das Umgebungsgestein meist von hässlichen Bearbeitungsspuren übersät – besonders die Bereiche um den Fossilrand – und unter Umständen gibt es auch Sekundenkleberflecken. Mit dem Schaber glättet man einen Bereich von etwa einem Zentimeter rund um das Fossil. Dadurch wird es noch etwas hervorgehoben und man kann gleichzeitig die meisten Bearbeitungs- und Kleberspuren entfernen. Größere Unebenheiten fräst man am besten mit dem Dremel oder Proxxon aus und schabt noch einmal darüber. Zuletzt nimmt man ein feines Schleifpapier oder einen Glasradierer und beseitigt die restlichen Spuren. Natürlich muss man auch bei diesem Arbeitsgang darauf achten, das Fossil nicht zu beschädigen.

Tiefe Meißelspuren sind nur schwer wieder zu entfernen. Jede Bearbeitung hinterlässt ihre eigenen Spuren, die sich nicht wieder vollständig beseitigen lassen. Mit einem Sandstrahlgerät kann man sie jedoch leicht überstrahlen. Aber das hinterlässt dann auch wieder seine Spuren. Im Grunde genommen kann man nur versuchen, nach der Präparation alle Spuren möglichst gut zu kaschieren.

Eine weitere Präparationsmöglichkeit

Nicht jedes Gestein ist für eine Bearbeitung mit Hammer und Meißel geeignet. Es kann vorkommen, dass es kein Trennverhalten zwischen Fossil und Gestein gibt und man nicht nur Gesteins-, sondern auch Fossilstücke wegmeißeln würde, oder dass die

Mit Hammer, Meißel und feinem Druckluftstichel freigelegter Ammonit (*Orthosphinctes*) aus dem Oberjura der Schwäbischen Alb (Slg. R. & W. Maisch, Metzingen).

Mit Hammer, Meißel und Nadel präparierter Ammonit (*Taramelliceras*) aus dem Oberjura der Schwäbischen Alb (Slg. R. & W. Maisch, Metzingen).

Fossilien zu empfindlich für Hammer und Meißel sind.

Für solche Fälle gab es schon vor der Einführung von druckluftbetriebenen Werkzeugen eine Alternative: das Schaben.

Wer das Schaben ausprobieren möchte, sollte dies nicht mit dem zur Feinpräparation verwendeten Skalpell-Schaber tun. Im Handel gibt es Schabewerkzeuge mit aufgelöteten Hartmetall-Klingen in unterschiedlichen Größen. Mit großen Schabern kann man ohne Weiteres mehrere Millimeter Gestein abtragen. Kleinere Modelle sind auch für die Feinpräparation geeignet. Natürlich gilt auch hier der Grundsatz, dass das verwendete Werkzeug umso feiner sein muss, je näher man am Fossil arbeitet. Allerhöchste Sorgfalt ist beim abschließenden Freischaben des Fossils geboten, weil man dabei direkt an der Oberfläche arbeitet.

Die Technik des Schabens ist ähnlich schwer zu beschreiben wie zu beherrschen. Schaber werden mit beiden Händen geführt. Rechtshänder greifen den Schaber im vorderen Drittel mit den Fingern der linken Hand. Mit der rechten Hand wird das obere Ende bewegt. Die Arbeitsbewegung beim Schaben ähnelt der Ruderbewegung beim Bootfahren – nur in kleinerem Maßstab. Dabei bildet die

Große Schaber für Großes. Die Bewegung wird durch die rechte Hand ausgeführt, die linke bildet den Drehpunkt. Das Gestein spritzt nach vorne weg.

linke Hand den Drehpunkt der „Ruderbewegung". Während man das obere Ende des Schabers zu sich hin bewegt, pflügt die Klinge durch das Gestein wie das Paddel durch das Wasser. Bei kleineren Schabern kann man die linke Hand nicht voll einsetzen und der Schaber wird dann nur mit drei oder zwei Fingern umfasst. Bei ganz kleinen Schabern dient unter Umständen sogar eine einzelne Fingerspitze als Widerlager. Die ganz kleinen kann man zum Arbeiten aber auch wie Stifte halten.

Kleine Schaber für Feines. Hier liegt der Drehpunkt an der Fingerspitze des Mittelfingers, die rechte Hand macht die Bewegung. Das Gestein wird nach vorne weg abgetragen.

Beispiel für eine spezielle Präparationsmethode

Neben der beschriebenen „Standard-Präparation" gibt es auch noch sehr spezielle Methoden, die für bestimmte Gesteine und Fossilien entwickelt wurden.

Ein gutes Beispiel für eine spezielle Präparationsmethode ist die Transfer-Präparation. Sie kommt dann zur Anwendung, wenn die Gesteine, in denen die Fossilien vorkommen, nicht zu erhalten sind. Der sogenannte Ölschiefer aus Messel zum Beispiel zerfällt, wenn er der Luft ausgesetzt ist und trocknet, in kleine Schieferplättchen. Weil dabei auch die darin enthaltenen Fossilien verloren gehen, werden sie in Kunststoff umgebettet, also transferiert. Dazu wird – einfach ausgedrückt – zunächst eine Seite des Fossils präpariert und in Kunststoff eingegossen und dann von der anderen Seite das Gestein vollständig entfernt, sodass

Mit Hammer, Meißel, Nadel und Schaber präparierte Ammoniten (links *Parataxioceras*, rechts *Schneidia*) aus dem Oberjura der Schwäbischen und Fränkischen Alb (Slg. R. & W. Maisch, Metzingen).

nur noch das Fossil übrig bleibt. Auf diese Art und Weise kann man die Funde aus solchen anfälligen Gesteinen erhalten.

Allerdings wird wohl kaum jemand, an den sich dieses Buch richtet, so rasch mit so einer speziellen Methode konfrontiert werden.

Mit Nadel und Schaber freipräparierte Innenwindungen zweier Ammoniten (*Orthosphinctes*) aus dem Oberjura der Schwäbischen Alb (Slg. R. & W. Maisch, Metzingen).

Die chemische Präparation

Die Arbeit mit Chemikalien ist gefährlich!

Entsprechend der mechanischen Präparation mit Werkzeugen bedeutet chemische Präparation, dass Fossilien mithilfe von Chemikalien freigelegt werden. Damit kann man beeindruckende Ergebnisse erzielen, weil auch allerfeinste Details von Fossilien zum Vorschein kommen – sogar solche, die man durch mechanische Bearbeitung niemals herausarbeiten könnte, weil sie zu fein sind oder es kein Trennverhalten zwischen Fossil und Gestein gibt.

Ein paar der gängigsten Zutaten für eine chemische Präparation: einfache Essigessenz, für größere Behälter verdünnte Essigsäure im Kanister, Ameisensäure und Wasserstoffperoxid.

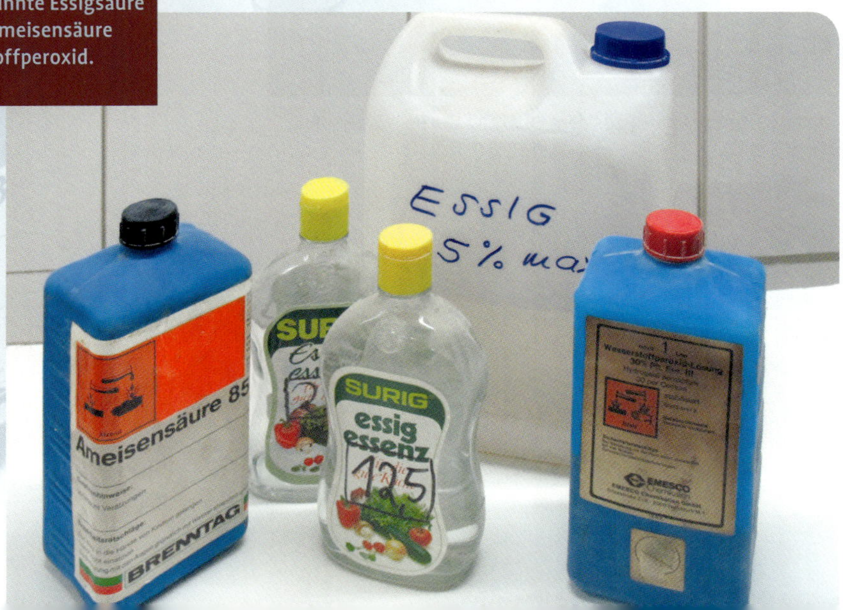

Wer sich vorstellt, dass chemische Präparation einfach sei, weil der Vorgang von alleine passiert, irrt sich gewaltig. Viel Zeit und ständige Beobachtung sind notwendig, um die erwarteten Ergebnisse zu erzielen. Das Stück muss auch bei Anwendung der chemischen Präparation so weit wie möglich mechanisch vorpräpariert werden, um die Einwirkzeit von Flüssigkeiten und Chemikalien möglichst kurz zu halten.

Außerdem stellt die chemische Präparation einige Bedingungen, sowohl an das zu präparierende Stück als auch an den Präparator. Beim Stück müssen Fossil und Gestein aus unterschiedlichen Materialien bestehen. Jeder kann sich vorstellen, dass es fatal wäre, ein Gestein mit einer Chemikalie zu behandeln, die genauso schnell das Fossil darin auflöst. Der Präparator muss die Materialunterschiede also genau kennen. Damit ist nicht gemeint, ob Fossil und Gestein unterschiedlich hart sind oder verschiedene Farben haben, sondern es geht um die chemische Zusammensetzung. Passend dazu müssen dann die Chemikalien benutzt werden, die das Gestein angreifen, nicht aber das Fossil.

Wer dennoch die chemische Präparation ausprobieren möchte, sollte sich darüber im Klaren sein, dass die Arbeit mit Chemikalien nicht ungefährlich ist. Schutzbrille und Handschuhe sind Pflicht! Zudem gilt ein absolutes Sorgfaltsgebot. Das bedeutet auch, dass während der Arbeit nicht gegessen und getrunken oder geraucht werden darf. Nach der Arbeit müssen Behälter, Werkzeuge und Arbeitsplatz ordentlich gereinigt und alle Chemikalien sicher verstaut werden. Trotz Handschuhen sollte das Händewaschen nicht vergessen werden! Leichtsinniges und fahrlässiges Hantieren mit Chemikalien führt mindestens zu Löchern in den Kleidern, im schlimmsten Fall sogar zu schweren Verletzungen.

Die Behälter, die man während der Präparation benutzt, dürfen von den Chemikalien nicht angegriffen werden. Außerdem müssen sie hitzebeständig sein, vorzugsweise aus Glas. Zum Greifen der Stücke nimmt man statt der Hände eine Zange aus Holz. Wenn man in die chemische Präparation investieren will, schaut man sich am besten im Chemie-Fachhandel nach dem entsprechenden Zubehör um.

Chemikalien kann man in der Apotheke oder im Fachhandel kaufen. Vor dem Kauf sollte man sich aber darüber im Klaren sein, wofür man sie verwenden möchte. Auf entsprechende Nachfragen löst die Antwort „Fossilien präparieren“ meistens erst einmal ein Stirnrunzeln aus. Für diesen Fall sollte man besser erklären können, was man mit den Chemikalien genau vorhat. Auch ein Kauf im Internet ist möglich. Egal woher man Chemikalien bezieht, beim Kauf wird immer auch ein Merkblatt mit Handhabungs- und Sicherheitsvorschriften, den sogenannten R&S-Sätzen, mitgeliefert. R&S bedeutet Risiko und Sicherheit, englisch risk and safety. Diese Vorschriften muss man auf jeden Fall beachten!

Für denjenigen, der trotz aller Sorgfalt doch einmal mit Chemikalien in Berührung gekommen ist, gibt es hier noch ein paar Tipps zum Erhalt der Gesundheit:

Erste Hilfe bei der Berührung mit Chemikalien

- Heraus aus kontaminierter Kleidung!
- Betroffene Hautstellen unter viel fließendem Wasser abspülen!
- Sind die Augen betroffen, ebenfalls unter fließendem Wasser abspülen – und zwar die offenen Augen! Auch wenn dies ein wenig unangenehm ist, sollte man es in Kauf nehmen, wenn einem sein Augenlicht lieb ist. Im Handel gibt es auch sogenannte Augenduschen, die eine sinnvolle Investition sind, wenn man öfter mit Chemikalien arbeitet.
- Zu guter Letzt: Ab zum Arzt oder den Notruf wählen! Andernfalls sind entstandene Schäden unter Umständen nur noch schwer in den Griff zu bekommen.

Präparation mit Säuren oder Laugen

Zum chemischen Präparieren werden entweder Säuren oder Laugen benutzt. Sie unterscheiden sich durch die Höhe des pH-Wertes, dessen Skala von 1 bis 14 reicht. Ein pH-Wert von 7 ist neutral, bei einem Wert darunter spricht man von Säuren und bei einem Wert darüber von Laugen. Der Wert lässt sich mit Teststreifen überprüfen und durch Zugabe von Säure in Lauge und umgekehrt verändern. Das ist wichtig, wenn man nach abgeschlossener Präparation die Flüssigkeiten entsorgen will. Neutrale Lösungen mit einem Wert von 7 kann man problemlos in den Ausguss schütten.

Sauer macht lustig – mit Säuren präparieren

Säuren kommen dort zum Einsatz, wo Fossilien aus Quarz, Pyrit, Limonit, Markasit, Hämatit oder Apatit in kalkigem Gestein eingebettet sind, also in reinen Kalksteinen, kalkigen Mergeln und Sandsteinen mit kalkigem Bindemittel. Die Säure löst den Kalk auf, wobei Kohlendioxid freigesetzt wird. Das erkennt man an den Luftbläschen, die vom Stück aufsteigen, solange die Säure wirkt. Steigen keine Bläschen mehr auf, löst die Säure auch keinen Kalk mehr auf; sie ist verbraucht.

Generell sollten zum Präparieren Säuren mit Konzentrationen zwischen 5 % und 15 % benutzt werden. Abweichungen nach oben oder unten sind abhängig von der Aggressivität der Säure und dem präparierten Gestein. Zu hohe Konzentrationen oder zu lange Einwirkzeiten sind immer auch schädlich für die Fossilien. Für jedes Stück müssen beide Faktoren von Neuem ausgetestet werden.

Weil die Säuren beim Kauf meist hochkonzentriert sind, muss man sie verdünnen.

Dazu gibt es einen Merksatz:

**Erst das Wasser, dann die Säure,
sonst geschieht das Ungeheure!**

Das „Ungeheure“ bedeutet in diesem Zusammenhang, dass es zu einer chemischen Reaktion kommt, wenn man Wasser in Säure kippt. Dabei entsteht so viel Wärme, dass das Wasser zu kochen beginnt und mitsamt Säure aus dem Gefäß spritzt. Deshalb muss immer erst das Wasser in das Mischgefäß gefüllt und dann die Säure zugegeben werden. Wie man die gewünschte Konzentration erhält, kann man durch eine Mischungsrechnung ermitteln.

Essigsäure eignet sich für empfindliche Fossilien

Eine Säure, die problemlos erhältlich ist, ist die Essigsäure, die jeder als Essigessenz aus dem Supermarkt kennt. Sie kann für alle Anwendungen ausprobiert werden. Weil sie eine relativ schwache Säure ist, ist sie für empfindliche Fossilien gut geeignet. Allerdings sollte man sie auf Fossilien nicht zu lange einwirken lassen, weil es sonst zu Verfärbungen kommen kann. Etwas stärker als Essigsäure ist die Monochloressigsäure, die ebenfalls überall angewendet werden kann.

Zum Freiätzen von unempfindlichen, verkieselten Fossilien, also solchen aus Quarz, greift man zu Salzsäure. Diese ist wesentlich aggressiver als Essigsäure und muss deshalb stark verdünnt werden. Beim Arbeiten mit Salzsäure ist höchste Vorsicht angesagt.

Weniger aggressiv ist die Ameisensäure. Trotzdem muss man auch hier genau aufpassen, denn der direkte Kontakt mit der Haut ist sehr unangenehm.

Es gibt noch eine ganze Reihe anderer Säuren, die für die Präparation geeignet sind. Der Hobby- und Gelegenheitspräparator sollte allerdings von Phosphor-, Schwefel- oder Flusssäure Abstand nehmen. Der Umgang damit ist zu gefährlich und erfordert eine professionelle Ausrüstung.

Bevor man mit der chemischen Präparation beginnt, sollte das Stück so weit wie möglich mechanisch präpariert sein. Abhängig von Gestein und Fossil wird dann entschieden, welche Säure man benut-

Das Fossil im Säurebad

zen möchte. Dem Anfänger empfehle ich, sich erst einmal auf den Einsatz von Essigsäure zu beschränken, zum einen wegen der einfachen Beschaffung und zum anderen, um Erfahrungen im Umgang mit Säuren zu sammeln. Wie bei der mechanischen Präparation sollte man auch beim Ätzen nicht als erstes zu den wertvollen Stücken greifen.

Hat man sich für eine Säure entschieden, legt man das Stück in einen ausreichend großen Behälter, sodass es komplett von der Flüssigkeit bedeckt werden kann. In einem separaten Behälter wird die Säure auf die gewünschte Konzentration verdünnt. Zunächst beginnt man mit einer geringen Konzentration, deren genauen Wert man sich notieren sollte. Sicherheitshalber kann man die Konzentration auch auf den Behälter mit dem Fossil schreiben, sodass man einen besseren Überblick hat, wenn man an mehreren Stücken gleichzeitig arbeitet.

Schüttet man die verdünnte Säure vorsichtig in den Behälter, kann man sofort erkennen, wie sie arbeitet. Am Stück bilden sich kleine Gasbläschen, das Kohlendioxid. Sind es nur wenige Bläschen, ist die Konzentration der Säure zu schwach, sind es sehr viele, ist sie zu hoch. Dann besteht die Gefahr, dass, gerade bei fragilen Fossilien, Schäden entstehen. Also muss weiter verdünnt werden!

Die ideale Konzentration ist Erfahrungssache und muss für jedes Stück neu ausgetestet werden. Ist die Gasentwicklung zufriedenstellend, kann man erst einmal nur abwarten. Nach einer Zeit von zwei Stunden bis zu zwei Tagen bemerkt man, dass weniger Gasbläschen entstehen. Zum einen verbraucht sich die Säure im Laufe der Zeit, zum anderen lagern sich die unlöslichen Bestandteile des Gesteins auf dem Stück ab. Dadurch hat die Säure keinen Kontakt mehr zum Gestein und kann nicht mehr wirken. Ist die Säure verbraucht, setzt man am besten eine neue Lösung an, deren genaue Konzentration man erneut dokumentiert, falls man später ein vergleichbares Fundstück ätzen möchte. Bei der Gelegenheit kann man das Stück auch unter fließendem Wasser abwaschen und mit einer weichen Zahnbürste vorsichtig die Beläge entfernen. Stellen, an denen das Fossil ausreichend freigelegt ist, deckt man mit Bienenwachs oder Paraffin ab, damit die Säure dort nicht mehr wirken kann. Dadurch wird verhindert,

Große Behälter für große Stücke. Dafür lohnt es sich, größere Mengen Säure anzusetzen.

dass Säure unter die Fossiloberfläche gelangt und es „von innen“ auflöst. Andernfalls könnten sich Teile des Fossils lösen.

Dieser Vorgang wird so oft wiederholt, bis das gewünschte Ergebnis erreicht ist. Um das aufgeträufelte Wachs zu entfernen, hält man das Stück mit der Zange in heißes Wasser. Das Wachs löst sich und schwimmt auf dem Wasser.

Zum Schluss wird das Fossil gewässert

Zuletzt muss das Stück gründlich gewässert werden, um selbst die allerletzten Säurereste auszuspülen. Dazu legt man es mindestens einen Tag lang in ein Wasserbad, unter Umständen sogar bis zu einer Woche. Dabei tauscht man die Flüssigkeit regelmäßig gegen frisches Wasser aus. Ist genug gewässert, muss das Fossil nur noch trocknen.

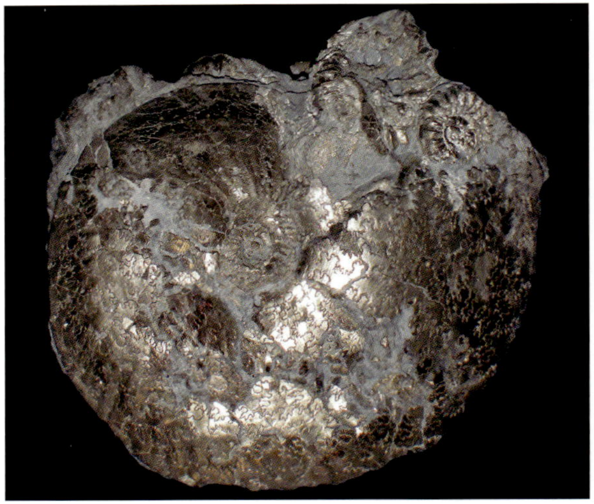

Mit schwacher Essigsäure freigeätzter großer Pyritammonit (*Oxynoticeras*) aus dem schwäbischen Unterjura (Slg. R. & W. Maisch, Metzingen).

Um gezielt einzelne Stellen zu ätzen, kann man die Säure auch mit Thixotropiermittel andicken. Die so entstandene „Ätzpaste“ kann man dann dort aufstreichen, wo die Wirkung gebraucht wird. Allerdings verdunstet die Säure nach einiger Zeit, sodass der Aufstrich erneuert werden muss. Dafür erspart man sich aber das Abdecken mit Wachs und das Wässern verkürzt sich erheblich, weil die Säure nur oberflächlich wirken kann.

Wer viel Zeit hat, kann auch die natürliche Form der chemischen Präparation anwenden. Sogenannte Huminsäuren sind in Humus enthalten, den man sich überall besorgen kann. Dann wird der Stein eingegraben und ein paar Jahre gewartet. So kann man

Mit Essigessenz freigeätzter Schwamm aus dem Oberen Jura der Schwäbischen Alb (Slg. M. Maisch, Tübingen).

Die Rückseite derselben Knolle mit zahlreichen Pyritammoniten (*Bifericeras*), ebenfalls mit Essigsäure freigeätzt. Seit fast 20 Jahren unbehandelt und ohne Ausblüherscheinungen (Slg. R. & W. Maisch, Metzingen).

auch Gesteine zermürben, an denen man sich sonst die Zähne ausbeißt.

Ein Tipp: In Nadelwäldern sind die Böden saurer!

Ausgelaugt – mit Laugen präparieren

Laugen werden benutzt, um calcitisch erhaltene Fossilien aus tonigen Gesteinen zu befreien, also aus Tonen, tonigen Mergeln oder tonig gebundenen Sandsteinen. Die Lauge wirkt auf die Tonminerale, lässt sie aufquellen und weicht so das Gestein auf.

Präparation mit Kalilauge

In der Regel wird in der Präparation die Kalilauge eingesetzt. Man kann sie in Form kleiner Plättchen in der Apotheke oder im Fachhandel kaufen. Kalilauge muss man immer trocken und in luftdichten Behältern aufbewahren, weil sie hygroskopisch ist. Das heißt, dass sie der Luft Feuchtigkeit entzieht. Wenn man aus Versehen vergisst, den Deckel auf den Behälter zu schrauben, verwandelt sich der Inhalt in kurzer Zeit in einen feuchten Klumpen verklebter Kalilaugenplättchen.

Mit den Plättchen kann man direkt präparieren, man muss sie nicht in Wasser auflösen. Wegen der einfachen Verarbeitung ist Kalilauge auch für den Anfänger geeignet. Trotzdem besteht besondere Gefahr! Während sich Säure auf der Haut sofort durch Brennen bemerkbar macht, ist Lauge nicht spürbar! Man bemerkt Missgeschicke erst dann, wenn man bereits ein Loch in der Haut hat.

Jeder kann sich vorstellen, dass der feine Abrieb, der sich mit den Plättchen im Behälter befindet, beim Einatmen nicht gesund ist. Also allerhöchste Sorgfalt!

Wie benutzt man denn nun die trockenen Plättchen? Im Prinzip ist die Anwendung ganz einfach. Das mechanisch vorpräparierte Stück wird ein wenig angefeuchtet und in einen Behälter gelegt. Dann nimmt man mit einer Pinzette die Kalilaugenplättchen aus der Dose und legt sie dort, wo man präparieren möchte, auf das Stück. Durch das Anfeuchten kleben sie recht gut. Wegen ihrer hygroskopischen Eigenschaft zieht sich die Kalilauge die benötigte Feuchtigkeit direkt aus der Luft. Bei zu geringer Luftfeuchtigkeit kann mit einer Blumenspritze etwas nachgeholfen werden. Nach kurzer Zeit kann man beobachten, wie sich im Bereich der Plättchen Feuchtigkeit ansammelt und das Gestein aufweicht. Die

Plättchen selbst lösen sich dabei nach und nach auf.

Während Säure durch die Gasbläschen anzeigt, wie lange sie wirkt, ist das bei Kalilauge nicht so eindeutig. Man kann es leider nicht erkennen, wenn die Wirkung aussetzt und kein Gestein mehr aufgeweicht wird. Wenn man das Gefühl hat, dass sich nichts mehr verändert, wäscht und bürstet man das Stück vorsichtig ab.

Vorsicht bei Kaliwasserglas!

Man muss sofort einschreiten, wenn man beobachtet, dass sich auf dem Fossil ein weißer Belag bildet. Das ist das gefürchtete Kaliwasserglas. Kaliwasserglas bildet sich, wenn die Lauge auf die Quarzanteile im Gestein wirkt. Solange der Belag nicht verfestigt ist, kann er durch Abbürsten entfernt werden. Lässt er sich unter fließendem Wasser nicht ablösen, kann man es noch mit Wasserstoffperoxid und Bürsten versuchen. Aber wenn der Belag einmal hart geworden ist, ist er nie wieder abzubekommen. Das sieht hässlich aus und das Fossil ist dann kaum noch als Schaustück zu gebrauchen.

Ammonit (*Hammatoceras*) aus dem schwäbischen Mitteljura, die Innenwindungen mit den feinen Stacheln wurden mit Kalilauge freigeätzt (Slg. R. & W. Maisch, Metzingen).

Nach dem Abbürsten kann man sehen, wie weit die Präparation vorangeschritten ist. Wenn man noch weiter präparieren möchte, legt man in einem weiteren Arbeitsgang wieder Plättchen auf – natürlich nur auf die Stellen, wo die Fossiloberfläche noch nicht ausreichend freigelegt ist. Abdecken mit Wachs oder Paraffin ist nicht notwendig, weil man gezielt einzelne Stellen des Stücks bearbeitet.

Das Fossil benötigt zuletzt noch ein Wasserbad

Weil auch hier die Gefahr besteht, dass die Lauge unter die Fossiloberfläche gelangt und es von innen aufweicht, kann es sinnvoll sein, zwischen den einzelnen Arbeitsgängen ein paar Stunden zu wässern, damit an den fertig präparierten Stellen auch wirklich nichts mehr passiert. Dies macht man so lange, bis man mit dem Ergebnis zufrieden ist. Danach muss das Fossil nur noch ausgiebig im Wasserbad gewässert werden, wobei auch hier das Wasser regelmäßig ausgetauscht werden muss.

Chemische Präparation und Physik?

Bei der chemischen Präparation macht man sich nicht nur chemische, sondern in der Regel auch physikalische Wirkungsweisen zunutze, oder besser gesagt, die Kombination aus beiden. Dies ist bei der Benutzung von Wasserstoffperoxid der Fall.

Wasserstoffperoxid zerfällt in einer heftigen chemischen Reaktion zu Wasser und Sauerstoff. Voraussetzung ist das Vorhandensein von Metall- oder Kohlenstoffatomen, die diese Reaktion auslösen, aber nicht selbst daran beteiligt sind. Sie dienen nur als sogenannte Katalysatoren.

Man legt dazu das Stück in ein Gefäß und gibt dann vorsichtig das Wasserstoffperoxid dazu. Es dringt in Poren und Haarrisse ein, wo der freigesetzte Sauerstoff, je nach Heftigkeit der Reaktion, seine physikalische, „sprengende" Wirkung entfaltet. Dabei muss man sehr vorsichtig vorgehen und darf das Stück nicht aus den Augen lassen, sonst wird womöglich das Gestein mitsamt Fossil zerlegt. Achtung, Wasserstoffperoxid bleicht Haut und Haare!

Physikalisch wirken auch Tenside. In konzentrierter Form sind sie unter dem Namen Rewoquat erhältlich. Tenside, auch als waschaktive Substanzen bekannt, sind in hohem Prozentsatz in jedem Waschmittel enthalten. Sie setzen die Oberflächenspannung von Wasser herab, das dann Schmutzteilchen loslösen kann. Damit kann man natürlich keine massiven Gesteine präparieren, zum Loslösen von Anhaftungen und Verschmutzungen reicht das aber häufig aus. Fossilien legt man einfach in dem Konzentrat ein und reinigt sie nach entsprechender Einwirkzeit unter fließendem Wasser mit einer Wurzel- oder Zahnbürste. In einer Schüssel mit „Waschwasser" kann man das Fossil auch direkt abbürsten. Chemisch gesehen ist die Flüssigkeit eine wortwörtliche „Seifenlauge". Die kann sich zwar nicht mit der aggressiven Wirkung von Kalilauge vergleichen, wirkt aber ähnlich.

Eine andere Form der physikalischen Präparation besteht in der Nachahmung natürlicher Verwitterungsprozesse. Einer davon ist die Frostsprengung, bei der Wasser in feinste Gesteinsrisse eindringt und gefriert, sodass das Eis sich ausdehnt und das Gestein sprengt. Dies lässt sich nachstellen, indem man den Stein in Wasser einlegt, es einziehen lässt und ihn dann einfriert.

Über sehr lange Zeiträume verwittert Gestein auch, wenn es stark schwankenden Temperaturen ausgesetzt ist, zum Beispiel in Wüsten, wo es tagsüber unerträglich heiß und nachts unerträglich kalt wird. Schneller geht es, wenn man den Stein im Backofen erhitzt und dann mit kaltem Wasser abschreckt. Der Schock macht auch das härteste Gestein mürbe.

Mit sehr viel Zeit kann man auch die natürliche Verwitterung wirken lassen. Dazu muss man seine Funde lediglich draußen hinlegen. Allerdings kann es, je nach Gestein, ein paar Jahre dauern, bis Fortschritte erkennbar sind. Im Laufe von Jahrmillionen werden auf diese Weise ganze Gebirgszüge eingeebnet.

Der Nachteil dieser hier vorgestellten physikalischen Methoden ist, dass sie nicht gezielt eingesetzt werden können. Mit etwas Glück schaffen die Risse eine Trennfuge, aber mit ein wenig Pech können sie auch mitten durch das Fossil gehen.

„Waschwasser" kann man auch für Fossilien verwenden

Verschiedene Seeigel (links *Phymosoma*, rechts *Micraster*) aus der norddeutschen Oberkreide, vorsichtig mit Kalilauge freigeätzt (Slg. R. & W. Maisch, Metzingen).

Ergänzungen und Konservierungsmittel

Da fehlt doch was! – Ergänzungen

Den Stolz und die Freude über das fertig präparierte Stück kann oft nur eines trüben: Fehlstellen. Wenn Fossilien nicht komplett sind, kann das mitunter sehr unschön aussehen. Fehlstellen hat man meist dort, wo Bruchflächen verwittert oder ausgebrochen waren. Noch schlimmer ist es, wenn man selbst daran schuld ist, weil man bei der Bergung oder der Präparation etwas übersehen oder schlicht ein Bruchstück verloren hat. Dann kommt zum Ärger über die Fehlstelle auch noch der Ärger über sich selbst dazu.

Also stellt sich die Frage nach der Ergänzung.

Auch ohne Ergänzung schön: ein großer Ammonit (*Progeronia*) mit zwei aufsitzenden kleineren Ammoniten (*Glochiceras*, *Pseudowaagenia*) aus dem schwäbischen Oberjura (Slg. M. Maisch, Tübingen).

Hier scheiden sich die Geister. Während der eine sie für unverzichtbar hält, weil ein Stück nur so präsentabel wird, hält der andere sie schlicht für Fälschungen. Ein dritter kann damit leben, aber nur wenn die Ergänzung durch farbliche Abhebung eindeutig zu erkennen ist. Machbar ist alles. Zugegebenermaßen wurde, gerade im Fossilienhandel, mit Ergänzungen schon viel Schindluder getrieben. Sie unkenntlich zu machen und dann beim Verkauf zu verschweigen, ist Betrug und somit eine Straftat. Eine Ergänzung aber unkenntlich zu machen, weil man für die heimische Vitrine ein schönes Schaustück haben möchte, ist in Ordnung. Trotzdem sollte man sie dokumentieren, damit man sie nicht vergisst.

Ergänzung bedeutet, dass eine Fehlstelle im Fossil oder Gestein mit Fremdmaterial verfüllt und dann die Oberfläche nachmodelliert wird. Das setzt voraus, dass man die Fehlstelle als solche erkennt und sich vorstellen kann, wie das Fossil komplett aussehen müsste. Je nach Fossil erfordert das teilweise einiges an räumlichem Vorstellungsvermögen.

Früher wurden Ergänzungen mit Gips gemacht. Der Nachteil dabei ist, dass Gips beim Abbinden sehr warm wird und lange zum Trocknen braucht. Während dieser Zeit ist das Fossil der Feuchtigkeit ausgesetzt. Dafür lässt er sich aber mit den richtigen Werkzeugen auch nach dem Abbinden noch modellieren.

Kunststoff ist zum Ergänzen nur schlecht geeignet, weil er nach dem Aushärten nur noch mit Fräsern bearbeitbar ist, mit denen man nur schlecht modellieren kann.

Ich benutze für Ergänzungen immer Holzspachtelmasse auf Wasserbasis. Damit sollen eigentlich kleine Schäden in Möbeln behoben werden, weswegen es im Baumarkt verschiedene Sorten in unterschiedlichen Holzfarben und in Weiß gibt. Alle Sorten sind miteinander mischbar. Außerdem kann man Pigment oder zerstoßene Farbkreide beimischen. Wird die Spachtelmasse dadurch zu trocken, kann man wieder ein paar Tropfen Wasser dazugeben. So bekommt man immer eine passende Grundfarbe angemischt. Weil Gestein und Fossilien in der Regel nicht einfarbig sind, muss man bei jeder Ergänzung mit dem Farbton variieren. Ich mische auch immer noch einen Tropfen Holzleim mit dazu. Getrocknet ist die Masse dann ein bisschen fester, allerdings auch etwas schlechter zu bearbeiten.

Ergänzungen mit Holzspachtelmasse

Ich trage die Spachtelmasse immer höchstens drei Millimeter dick auf. Größere Fehlstellen fülle ich zunächst mit Kunststoff auf. Wenn er ausgehärtet ist, fräse ich ihn mit dem Dremel oder Proxxon zwei bis drei Millimeter tief aus. Will ich Klebefugen beseitigen, fräse ich auch diese aus, allerdings nicht ganz so tief, damit die Stabilität der Klebung nicht verloren geht.

In den ausgefrästen Bereichen trägt man dann mit einem kleinen Spachtel die Spachtelmasse auf. Sehr gut eignen sich hierfür auch kleine Rührstäbchen aus Holz. Beim Auftragen versucht man am besten, möglichst schon die Oberfläche der Ergänzung nachzubilden, damit man später nicht mehr so viel schnitzen muss. Wenn alles verfüllt ist, muss die Masse vor dem weiteren Bearbeiten trocknen, am besten über Nacht.

Einen Nachteil hat die Holzspachtelmasse allerdings. Weil sie auf Wasserbasis ist, können durch die Verdunstung des Wassers Trocknungsrisse entstehen, wenn sie zu dick aufgetragen ist. Deshalb sollte man die Reste der Spachtelmasse immer aufheben – zum Beispiel in alten Filmdöschen –, damit man am nächsten Tag noch einmal nachspachteln kann. Weil man dazu nur wenig Spachtelmasse braucht,

Die Spachtelmasse ist angerührt und die Farbe durch Untermischen von Pigmenten angepasst.

kann man dem Trocknen auch mit dem Föhn nachhelfen. Wenn alles rissfrei und trocken ist, kann man mit Skalpell und Schaber die Oberfläche modellieren. Dabei muss man besonders an den Rändern der Ergänzung die Übergänge zu Fossil oder Gestein sorgfältig ausarbeiten.

Die Ergänzung kann farblich angepasst werden

Wenn man mit der Grundfarbe der Ergänzung zufrieden ist oder sowieso eine farbliche Abgrenzung möchte, dann ist man nun fertig. Man kann aber die Ergänzung noch kolorieren, also übermalen. Dabei versucht man, ihr das Aussehen des Fossils oder Gesteins zu geben. Erfahrene und geübte Präparatoren können dadurch die Ergänzungen und Klebefugen vollständig „verschwinden" lassen. Allerdings muss man die kolorierte Ergänzung immer wieder unter wechselndem Licht kontrollieren. Zum Kolorieren habe ich schon alle möglichen Farben ausprobiert, von Wasserfarben über Pastell- und Aquarellfarben bis hin zu Abtön- und Lackfarben. Welche Farben zu den besten Ergebnissen führen, ist immer die Erkenntnis aus vielen Versuchen. Jeder entwickelt im Laufe der Zeit seine eigenen Vorlieben und Tricks. Deshalb auch hier wieder der Aufruf: Einfach mal probieren!

Vorgespachtelte, noch nicht ausmodellierte Klebefuge.

Wer käme auf Anhieb darauf, dass sich hier in der Bildmitte eine gekonnt kaschierte Klebefuge befindet?

Der letzte Schliff – Konservierungsmittel

So, alles so weit präpariert, ergänzt und koloriert. Fertig! Was soll so einem Stein denn jetzt noch passieren? Viele Fossilien brauchen auch keine weitere Behandlung, einige aber schon! Leider verlieren sie nach und nach ihr schönes Aussehen. Das kommt daher, dass sie vollständig austrocknen und ihre Bergfeuchte verlieren. Im Laufe der Zeit verblasst die Farbe und Farbunterschiede sind kaum noch auszumachen, sodass der Stein fad und langweilig aussieht. Früher versuchte man, dieses Problem mit allem Möglichen zu beheben, von Margarine über Schuhcreme und Wachs bis hin zum Lack. Gerade bei Lacken war ein unschöner Nebeneffekt der starke Glanz. Heute gibt es im Baumarkt eine praktische Lösung: die, eigentlich für Steinfußböden gedachten, Farbauffrischer und Steinpflegemittel. Ich benutze sie gerne, um den Eindruck des bergfeuchten Zustands zu erwecken. Die Farben sehen wieder kräftiger aus und Bearbeitungsspuren fallen nicht mehr so stark auf. Fossilien auf Gestein können auch zusätzlich hervorgehoben werden, indem man nur das Fossil oder nur das Gestein behandelt.

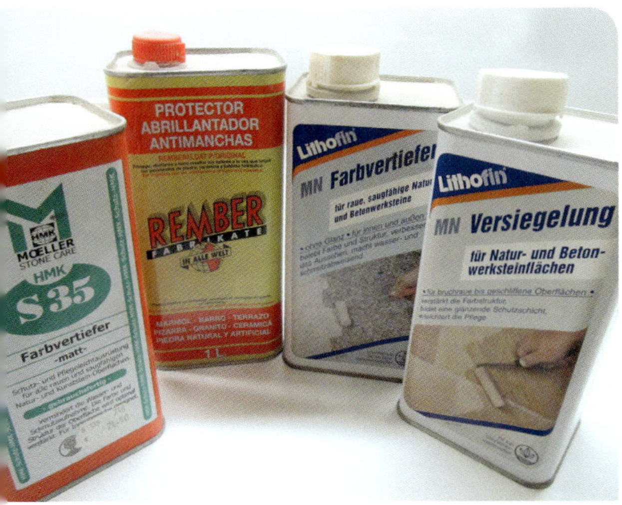

Die praktische Lösung. Farbvertiefer und Versiegelungen gibt es von verschiedenen Herstellern.

Konservierung mit Steinpflegemitteln

Vorsicht ist bei den Ergänzungen geboten, wenn man die Steinpflegemittel aufträgt. Je nachdem, welche Farbe man zum Kolorieren benutzt hat, kann sie sich beim Auftragen wieder lösen oder „verwässern“. Das bedeutet dann, dass man eventuell noch einmal nachkolorieren muss. Das Steinpflegemittel wird am besten vorsichtig mit einem Schwamm aufgetupft, wodurch sich auch deutlich sichtbare Pinselstriche vermeiden lassen. Hat man immer noch störende Bearbeitungsspuren, kann man diese mit ein wenig Farbe kaschieren.

Wer sein Stück zusätzlich schützen will, kann auch zu einer Stein-Versiegelung greifen. Diese macht das Stück weniger anfällig für Verschmutzungen. Ich habe auch einmal mit einem Mittel namens Tectosan experimentiert, das man aus dem Bereich der Nanotechnologie kennt. Es verändert die Farbe nicht, macht aber das Gestein wasserabweisend, sodass man den sogenannten Lotuseffekt auf den Fossilien erzielt. Da das Mittel angeblich zehn Jahre halten soll und tatsächlich völlig unsichtbar ist, ist es vielleicht für diejenigen inte-

So ergänzt, dass man es sieht (und nur aus Stabilitätsgründen): großer Ammonit (*Lithacosphinctes*) aus dem schwäbischen Oberjura. Die „wissenschaftlich korrekte“, aber ästhetisch sicher weniger schöne Ergänzung (Slg. R. & W. Maisch, Metzingen).

Mal etwas anderes: eine Ergänzung in Stein. Wo dem Fossil etwas fehlt, wurde das Gestein stehen gelassen und kunstvoll angepasst. Durch die Behandlung mit Farbvertiefer hebt es sich deutlich von dem übrigen Gestein ab.

Stein-Versiegelungen bieten einen zusätzlichen Schutz

ressant, die sich Fossilien zur Dekoration in den Garten legen möchten.

Was dem Sammler blüht ...

Der Verlust der Bergfeuchte ist nicht der einzige langfristige Effekt, dem es entgegenzuwirken gilt. Gefährlich für einzelne Fossilien oder sogar ganze Sammlungen ist das gefürchtete Ausblühen.

Bestimmte Fossilien sind die Sorgenkinder einer jeden Sammlung und um sie muss man sich – wie um lebende Haustiere – sorgfältig und regelmäßig kümmern, wenn man nicht zusehen möchte, wie sie jämmerlich eingehen. Besonders gefährdet sind alle Fossilien, die aus an der Luft metastabilen oder instabilen Mineralien bestehen. Für den Sammelanfänger stellt sich dieses Problem vor allem im Zusammenhang mit den schönen, goldglänzenden Pyrit- und Markasitfossilien, wie sie in den Tonen beispielsweise des süddeutschen Schwarz- und Braunjuras als „Goldschnecken“ begehrte und leicht zu findende Sammelobjekte sind. Eines vorab: Einen sicheren Schutz für solche pyritisierten Fossilien gibt es nicht. Alle gegenteiligen Behauptungen, die ich in jahrzehntelangem Austausch mit Sammlern und Fachleuten gehört habe, haben sich als nicht stichhaltig erwiesen. Man kann den Pyritzerfall niemals vollständig verhindern, aber man kann einiges tun, um ihn zumindest zu verlangsamen bzw. das Schicksal nicht allzu sehr herauszufordern.

Sehr wichtig ist, dass pyritisierte Fossilien ein halbwegs ausgeglichenes Raumklima haben. Die Temperaturen sollten das Jahr über nicht zu sehr schwanken und ebenso wenig die Luftfeuchtigkeit. Solche Stücke gehören also in die Wohnung und nicht in die Garage, den Weinkeller oder auf den Dachboden. Ein wenig Feuchtigkeit ist an sich nicht schlimm, denn es sind die Schwankungen, die das gefürchtete „Ausblühen“ auslösen, das dann meist nicht mehr zu stoppen ist. Ich gehe bei meinen pyritisierten Fossilien folgendermaßen vor (und habe damit recht gute

Erfahrungen gemacht): Die Steine werden zunächst einmal – entsprechende Größe vorausgesetzt – im heimischen Backofen bei 100 Grad zwei Stunden lang gebacken, um ihnen die Feuchtigkeit aus allen Poren zu treiben.

Dann werden sie, wenn möglich einzeln, in Plastikschachteln verpackt, am besten zusammen mit einem Beutelchen Silicagel, wie man es in jedem Schuhkarton findet, um die Luftfeuchtigkeit aufzunehmen. Vom Lackieren und Einreiben der Fossilien rate ich, von einfachem Steinpflegemittel abgesehen, vollkommen ab. Nicht nur hilft dies meiner Erfahrung nach überhaupt nichts, sondern es scheint das Ausblühen geradezu zu beschleunigen. Die Funde, die bei mir völlig unbehandelt in den Schubladen liegen, haben sich jedenfalls über die Jahrzehnte deutlich besser gehalten, insbesondere solche, die mit Essigsäure herausgeätzt wurden. Was dies zu bedeuten hat – wenn überhaupt etwas – oder ob es ein reiner Glücksfall war, kann man nicht sagen, denn noch niemand hat die tatsächlichen Ursachen und Vorgänge beim Pyritzerfall in allen

Ein ausgeglichenes Raumklima ist wichtig!

So müssen Pyritammoniten aussehen: zwei Vertreter der Gattung *Amaltheus* aus dem Schwäbischen Unterjura (a: *Amaltheus margaritatus*, Slg. A. Salfinger-Maisch, Tübingen; b: *A. gloriosus*, Slg. M. Maisch, Tübingen).

Details verstanden. Jedenfalls haben meine Pyritfossilien mit dieser simplen Behandlung bisher zu 98 % überdauert.

Einige Fossilien sind leider nicht zu retten

Manche Fossilien sind von vornherein jedoch unrettbar, insbesondere solche, in denen viel Markasit oder – schlimmer als alles andere – mikrokristalliner Markasit enthalten ist. Da kann man sich bereits auf die weißen und gelben Flecken freuen, die den unrettbaren Zerfall einläuten, sobald man das Stück im Gelände aufgesammelt hat. Selbst das Eingießen solcher Stücke in Kunstharz unter völligem Luftabschluss ist nicht hundertprozentig sicher, ebenso wenig das Einlegen in chemisch reinen Alkohol, aber immerhin verzögern diese Methoden die endgültige Zerstörung der Fossilien für geraume Zeit. Wer pyritisierte Fossilien in seiner Sammlung hat, sollte sie spätestens alle paar Monate immer wieder auf Anzeichen des Ausblühens kontrollieren und sofort alle Stücke, die irgendwelche verdächtigen Krankheitssymptome zeigen, in Quarantäne stecken, das heißt von den anderen Fossilien trennen, und unter ständiger Beobachtung halten. Wenn die Symptome sich verschlimmern, hilft nichts, außer solche Stücke aus der Sammlung zu nehmen. Wenn sie einem wirklich am Herzen liegen, kann man sich später immer noch an Fotos von ihnen erfreuen oder rechtzeitig einen Abguss herstellen.

Einen solchen Kandidaten muss man hingegen sofort in Quarantäne stecken. Unterjura-Ammonit (*Amaltheus*) mit weißen und gelben Flecken, die das gefürchtete (und meist unaufhaltsame) „Ausblühen“ anzeigen (Slg. R. & W. Maisch, Metzingen).

Vorsicht bei direktem Sonnenlicht

Auch Fossilien aus dem schwäbischen Posidonienschiefer und anderen dunklen, tonig-mergeligen Gesteinen verlangen nach besonderer Aufmerksamkeit, insbesondere deshalb, weil sie, ebenso wie das Umgebungsgestein, sehr lichtempfindlich sind und bei direkter Sonneneinstrahlung rasch ausbleichen. Indirektes Sonnenlicht vertragen diese Fossilien bis zu einem gewissen Grad, aber am besten bringt man sie dort unter, wo sie überhaupt keine UV-Strahlung abbekommen, will man nicht nach einigen Jahren vor hässlichen, blässlichen, mausgrauen Platten stehen, die nicht mehr die geringste Ähnlichkeit mit den herrlichen goldglänzenden Ammoniten auf sattschwarzem Schieferuntergrund haben, als die man sie gefunden hat. Eine Versiegelung der Oberfläche – im besten Falle auch mit leicht löslichen Steinpflegemitteln – ist bei diesen Versteinerungen, die gerade in Süddeutschland für viele Anfänger auf den Klopfplätzen in Holzmaden und Dotternhausen am leichtesten erreichbar sind, absolute Pflicht.

Eigene Erfahrungen und Notizen

Unterbringung, Präsentation, Sortierung und Inventarisierung der Sammlung

Neben der Konservierung der Sorgenkinder ist natürlich auch die Unterbringung der Sammlung eine Frage, der sich jeder Sammler, der das Streichholz- und Zigarrenkistchen-Niveau hinter sich gebracht hat, stellen muss. Die Aufbewahrung der Stücke in gut beschrifteten Schuhkartons und Obststeigen ist zwar prinzipiell in Ordnung, aber auf die Dauer unbefriedigend, denn man möchte doch zumindest einen Teil seiner schönsten Funde auch ab und an einmal problemlos in die Hand nehmen und einige sogar dauerhaft präsentieren können. Ein Sammlungsschrank mit vielen nicht zu niedrigen und nicht zu hohen Schubladen, möglichst aus stabilem Holz gefertigt, ist hierfür die ideale Lösung. Sicherste Fundstellen für solche Schränke – fast alles, was heute hergestellt und für viel Geld verkauft wird, ist entweder unbrauchbar und billig gefertigte Ware oder unbezahlbar – sind Flohmärkte und Gebrauchtwarenvermittlungsstellen. Auch ein guter Schreiner stellt so einen Schrank gerne her – allerdings wohl in der Regel zu utopischen Preisen. Von verschiedenen Firmen werden auch staubdichte und stabile Metallschränke angeboten. Es ist Geschmackssache, ob man sich dafür entscheidet, ebenso wie eine Sache des Geldbeutels, denn diese Metallschränke sind alles andere als billig.

Hier die Präsentation in einer kleinen Hängevitrine, die in jedes Wohnzimmer passt. Wer mehr Platz hat, kann es auch anders lösen (Slg. R. & W. Maisch, Metzingen).

Sobald die Sammlung wächst, wird man auch mehr als einen Schrank benötigen, um die Stücke unterzubringen. Gut ist, wenn die Schränke eine schöne Auflagefläche in Augenhöhe haben, sodass man einige der größeren und attraktiveren Stücke darauf als Schaustufen präsentieren kann. Zu Hause habe ich im Wesentlichen einige Bücherregale mit diversen Schaustücken gefüllt. Viele Sammler ziehen Glasvitrinen vor, mit denen ich persönlich mich aber nicht anfreunden kann, da sie erstens teuer und zweitens zerbrechlich sind und drittens nicht meinem Geschmack entsprechen. Wichtig für eine angemessene Präsentation der Fossilien ist vor allem eine ausreichende Beleuchtung, vorzugsweise mit Kunstlicht, um das Ausbleichen lichtempfindlicher Stücke zu vermeiden. Ein gewisses ästhetisches Grundempfinden bei der Zusammenstellung und eigentlichen Aufstellung der Stücke sollte vorhanden sein, möchte man nicht den Eindruck einer chaotischen Ansammlung statt einer gepflegten Sammlung erwecken. Wem es daran mangelt, der sollte sich von Ehegatten, Freunden oder Bekannten mit einer ausgeprägten dekorativen Ader beraten lassen.

Eine Fossiliensammlung stellt irgendwann einmal – je nachdem, welchen Umfang sie hat und welche Stücke sie enthält – auch einen gewissen materiellen Wert dar. Man sollte also darauf achten, dass die Schränke, in denen das wertvollste Material aufbewahrt wird, zumindest abschließbar sind, und davon absehen, seine Stücke so zu präsentieren – im Garten oder auf der Fensterbank –, dass jeder sie mit einem Handgriff in die Tasche stecken oder im Kofferraum seines Autos verschwinden lassen kann. Übertriebene Sicherungsmaßnahmen lenken indessen eher die Aufmerksamkeit auf den Wert der Fossilien, der den meisten Zeitgenossen ja nicht bewusst ist, und sollten daher tunlichst vermieden werden, wenn man nicht gerade einen Flugsaurier aus den Solnhofener Plattenkalken oder ein vergleichbar wertvolles Stück sein Eigen nennt. Da es hier dann schon um fünfstellige oder sogar noch höhere Beträge geht, ist die Anschaffung einer Alarmanlage sicherlich überlegenswert, doch dies wird für den Sammleranfänger wohl weniger in Betracht kommen. Generell ist der materielle Wert der meisten Fossilien ohnehin weitaus geringer, als es sich die meisten Anfänger vorstellen. Wirklich hohe Preise erzielen nur absolute Topstücke und Raritäten, an die man in den ersten Sammeljahren vermutlich ohnehin nicht herankommen wird, sodass die Frage der Sicherung eine zunächst weniger drängende sein dürfte.

Wenn nun am Ende all der Mühen die Sammlungsstücke wohlpräpariert, konserviert und liebevoll arrangiert vor einem liegen, so bleiben zwei Fragen

Ein Schrank oder ein Regal ist für die Unterbringung geeignet

Die Frage der Präsentation ist ebenso ein ästhetisches wie ein Platzproblem. Einige Stücke sind hier in alten Bücherregalen untergebracht (Slg. R. & W. Maisch, Metzingen).

doch offen. Erstens: Wie sortiere ich meine Sammlung, ohne irgendwann völlig den Überblick zu verlieren? Zweitens: Wie inventarisiere ich sie richtig und mit allen notwendigen Angaben, damit sie auch nach meinem unweigerlichen Dahinscheiden für zukünftige Generationen ihren Wert behält? Darüber sollte sich jeder ernsthafte Sammler mit einem gewissen Anspruch Gedanken machen. Die Sortierung ist dabei das geringere Problem und ich muss zugeben, dass ich meine eigene Sammlung im Laufe der Jahre mehrfach umsortiert habe. Von Haus aus Systematiker und Taxonom, erschien es mir zunächst angebracht, die Funde gemäß der „Scala naturae" ihren Stämmen, Klassen, Ordnungen und Familien nach zu sortieren. Je mehr ich mich in meiner Sammeltätigkeit auf den süddeutschen Jura beschränkte, umso weniger sinnvoll erschien mir dies, und ich sortierte die Stücke nach den stratigrafischen Untereinheiten des Jura um, angefangen mit dem Lias alpha bis hoch in den Malm zeta. Je mehr ich mich wiederum auf bestimmte Steinbrüche und Fundpunkte konzentrierte, umso unzufriedener wurde ich mit dieser Anordnung, und nun sind meine Fossilien nach Fundorten und Fundgebieten sortiert, vielleicht nicht abschließend, je nachdem, wie sich meine Sammeltätigkeit in Zukunft gestalten wird. Innerhalb dieser Fundortkomplexe sind die Stücke stratigrafisch sortiert und innerhalb einer Formation des Juras systematisch. So habe ich einen Kompromiss gefunden, der mir selbst sympathisch ist und mit dem ich problemlos jedes Fossil in meiner Sammlung finden kann, ohne lange suchen zu müssen.

Sinnvolle Sortierung der Sammlung

Wie es nun jeder einzelne Sammler für sich mit der Sortierung handhabt, ist letztlich vollkommen ihm überlassen, nur sollte es eine nachvollziehbare und vernünftige Ordnung sein. Eine Sortierung beispielsweise nach Farben der Fossilien ist wohl weniger sinnstiftend als eine systematische Anordnung. Und eine Sortierung nach Erhaltungszuständen ist auch eher einem mineralogisch als einem paläontologisch interessierten Sammler angemessen. Egal wie man nun sortiert – systematisch, stratigrafisch, geografisch oder so wie ich in einer Kombination dieser drei Parameter –, wichtig ist, dass man die einmal gewählte Ordnung konsequent durchhält und nicht eine Kiste oder Schublade anlegt, in die alles hineinwandert, das einzusortieren einem die Lust fehlt. Einmal mit dieser Unsitte angefangen, wird man sie kaum wieder los und ruiniert sich schnell und nachhaltig den Spaß an der eigenen Sammlung, wenn man seine Stücke irgendwann einmal selbst nicht mehr wiederfindet.

Eine genaue Nummerierung ist wichtig!

Der Wert, vor allem der wissenschaftliche Wert, jeder noch so kleinen Sammlung steht und fällt mit der Beschriftung, worauf im Eingangskapitel bereits deutlich hingewiesen wurde, und letztlich auch mit der Inventarisierung. Jedes Stück, das wir dauerhaft aufbewahren möchten – und das werden über die Jahre beileibe nicht alle sein, die wir sammeln, denn jede gute Sammlung muss einem alten geflügelten Wort gemäß sieben Mal zum Fenster hinausgeworfen worden sein, bevor sie wirklich etwas taugt –, benötigt eine einmalige Nummer. Wie diese Nummerierung nun aussieht, das wird selbst in den großen Naturkundemuseen unterschiedlich gehandhabt. Am einfachsten ist eine fortlaufende Nummerierung, die bei eins beginnt. Man kann aber auch Kürzel wichtiger Fundstellen – beispielsweise Ho für Holzmaden und So für Solnhofen – der Nummer voranstellen, oder auch systematische Kürzel verwenden, zum Beispiel Am für Ammoniten, Tr für Trilobiten und so weiter. Diese Nummer gehört auf das dem Fossil beigegebene Etikett, das immer mit dem Stück zusammen verwahrt werden muss, und im besten Falle auch auf das Fossil selbst, idealerweise auf die Rück- und nicht auf die Schauseite, die jedes Fossil naturgemäß besitzt. Ich trage, um die Nummer möglichst dauerhaft anzubringen, stets etwas Tipp-Ex auf das Fossil auf, lasse dieses trocknen und notiere die Nummer dann von Hand mit einem Tuschestift.

Die Angaben auf den Etiketten sollten sparsam sein, der wissenschaftliche Name, soweit eruierbar, ist dabei die unwichtigste, der genaue Fundort die wichtigste Information. Die Fundschicht ebenso wie das Funddatum sollten ebenfalls vermerkt sein. Selbst wenn man sich in der Fundschicht geirrt hat, kann das Funddatum, gerade bei kurzfristigen Aufschlüssen oder in Betrieb befindlichen Steinbrüchen, die im Laufe der Zeit unterschiedliche Gesteinsabfolgen erschließen, dabei helfen, den genauen Fundhorizont im Nachhinein zu rekonstruierten.

Das Inventarbuch schließlich ist der Schlussstein jeder Sammlung. Im Zeitalter der modernen Computertechnik kann dies auch rein elektronisch sein, beispielsweise in Form einer Excel-Tabelle. Ich persönlich ziehe das klassische Inventarbuch aus Papier vor; es erscheint mir angesichts diverser totaler Computercrashs und unzähliger nicht mehr lesbarer CDs, DVDs und externer Festplatten, die ich im Laufe der Jahre erleben durfte, als die sicherere Variante. Ins Inventarbuch gehören nun dieselben Angaben wie auf dem Etikett, ebenso wie zusätzliche Informationen, beispielsweise zur Art der Präparation, den dabei verwendeten Klebern, Chemikalien oder Imprägnierungsmitteln, Besonderheiten der Erhaltung des jeweiligen Fossils, Angaben zu den Maßen und wenn möglich exakteste Angaben zu der Fundschicht und dem Fundort, die über ein einfaches „Lias epsilon, Holzmaden“, das auf dem Etikett durchaus genügt, hinausgehen. Eine derart inventarisierte Sammlung wird auch einem Fachwissenschaftler Respekt abnötigen und einem selbst über viele Jahre des Wachsens und Gedeihens große Freude bereiten. Sie wird ihren Wert auch für künftige Generationen behalten und vielleicht irgendwann einmal einen kleinen Beitrag leisten können, um unser Bild von der Geschichte der Erde und des Lebens zu vervollständigen.

In diesem Sinne wünsche ich allen ambitionierten Fossiliensammlern, Anfängern wie Fortgeschrittenen, viel Erfolg und Freude beim Sammeln, Präparieren und Verwahren ihrer Schätze und entbiete ihnen den alten deutschen Bergmanns- und Geologengruß: ein herzliches Glückauf!

Zu jeder Sammlung gehört ein Inventarbuch

Die zehn Gebote des guten Sammlers

1. Du sollst Deinen Sammlerkameraden achten wie Dich selbst.

Gute Sammler sind großzügig und hilfsbereit und behandeln die Menschen, die mit ihnen ihr Hobby teilen, freundlich. Auch als Profi sollte man sich erinnern, dass man selbst einmal klein angefangen hat, und Anfänger mit Tipps unterstützen. Im Aufschluss hilft man sich bei der Handhabung „schwerer Brocken", man unterstützt einander mit Werkzeug und legt Hand mit an, wenn es nötig ist. Man achtet auf die Sicherheit der anderen Sammler ebenso wie auf seine eigene.

2. Du sollst Dich an Gesetz und Ordnung halten.

In vielen Bundesländern erfordert das Sammeln von Fossilien besondere Genehmigungen. Jeder Steinbruch ist Privatgelände und man betritt ihn nicht einfach, ohne zuvor die Erlaubnis des Besitzers eingeholt zu haben. Man hält sich streng an die in den jeweiligen Werken geltenden Sicherheitsvorschriften. An Baustellen fragt man freundlich nach, ob es gestattet ist, die neu entstandenen Aufschlüsse ins Auge zu nehmen. Ein guter Sammler gräbt keine bereits begradigten Böschungen wieder auf und füllt Löcher, die er gegraben hat, wieder zu. Er verhält sich so, dass er seine Sicherheit ebenso wenig gefährdet wie die Sicherheit des Steinbruch- oder Baustellenbetriebs. Er meldet wissenschaftlich wertvolle Funde den dafür zuständigen Institutionen.

3. Du sollst die Natur achten.

Fossiliensammler sind Naturfreunde. Sie graben nicht in Naturschutzgebieten oder Geotopen. Sie reißen keine seltenen oder geschützten Pflanzen aus, um an die Fundschichten zu gelangen, oder unterhöhlen wie die Dachse ganze Bäume. Sie beunruhigen keine brütenden Vögel und zerquetschen keine Kleintiere. Sie leiten keine Bäche um und achten bei jedem Schritt darauf, unsere heimische Natur und heutige Lebewelt zu schützen. Sie hinterlassen Naturaufschlüsse nicht in einem Zustand, der an ein Schlachtfeld des ersten Weltkriegs erinnert.

4. Du sollst nicht begehren Deines Nächsten Fossil.

Gute Sammler sind keine Sammelhyänen. Sie sammeln an einer Fundstelle nicht wahllos alles bis zum letzten Bruchstück eines Ammoniten auf, den sie schon hundertfach in der Sammlung liegen haben. Sie nehmen nur das mit, was zur Erweiterung und Verschönerung ihrer Sammlung wirklich benötigt wird, und lassen für den Sammlerfreund, der den Aufschluss vielleicht als nächster besucht, genügend Material liegen, damit dieser ebenfalls ein paar gute Belegstücke finden kann. Man verständigt seine guten Sammlerfreunde, wenn neue kurzfristige Aufschlüsse vorhanden sind, und versucht nicht, sämtliches Material, das man niemals alleine sammeln könnte, gierig für sich alleine zu horten. Gute Sammler geben Stücke, die sie nicht mehr benötigen oder als doppelte Exemplare haben, gerne an jüngere oder unerfahrene Kollegen ab oder tauschen mit ihnen. Gute Sammler gönnen ihren Sammlerfreunden ihre Funde und werden nicht aus Neid missmutig und missgünstig oder brechen gar einen Streit vom Zaun, nur weil ein anderer im Aufschluss mehr Erfolg hat als sie.

5. Du sollst Ordnung halten.

Ein guter Sammler beschriftet seine Fundstücke. Er sammelt nicht so unendlich viel, dass er mit dem Präparieren nicht mehr nachkommt, selbst wenn er dreihundert Jahre alt werden sollte. Er versucht, seine Funde so gut wie möglich zu bestimmen, und sortiert sie ordentlich – nach Systematik, Fundstellen oder Erdzeitaltern. Er achtet auf peinliche Sauberkeit seiner Etiketten und der Nummerierung und führt ein Inventarbuch.

6. Du sollst bescheiden bleiben.

Ein guter Sammler ist kein Besserwisser, der nur, weil er schon „seit 30 Jahren dabei ist", meint, die Weisheit mit Löffeln gegessen und alles schon gesehen und gemacht zu haben. Er behandelt jüngere und weniger erfahrene Sammlerfreunde mit Respekt und hört sich ihre Meinungen und Vorschläge an. Er bildet sich nicht ein, mehr zu wissen als die Profi-Wissenschaftler und Profi-Präparatoren, sondern behandelt diese Menschen mit der Hochachtung, die sie verdient haben. Nur dann wird er auch von ihnen die Achtung und die entsprechende Anerkennung für seine Hobbytätigkeit erwarten dürfen.

7. Du sollst Dich bilden.

Ein guter Sammler hortet nicht nur einfach Fossilien, „weil sie schön aussehen", sondern er ist stets darum bemüht, Neues dazuzulernen und mehr über seine Lieblinge zu erfahren. Er beschäftigt sich mit der einschlägigen Fachliteratur und informiert sich über neue Erkenntnisse der Geologie und Paläontologie oder über neue Präparationsmethoden. Er tauscht sich mit erfahrenen Kollegen aus und sucht Kontakt zu Instituten und Museen. Er vernachlässigt auch nicht die Nebendisziplinen der Paläontologie und bemüht sich darum, ordentliche Grundkenntnisse der Mineralogie, Geologie und Biologie zu erwerben.

8. Du sollst Dich bescheiden.

Ein guter Sammler versucht nicht, die Fossilen aller Erdzeitalter und Erdteile wahllos bei sich zu horten, sondern er beschränkt sein Sammelgebiet in vernünftiger und angemessener Weise. Sei es, dass er sich auf die Fundstellen der nächsten heimischen Umgebung konzentriert, dass er vorwiegend Stücke aus einem bestimmten Erdzeitalter – beispielsweise dem unteren Jura – sammelt oder dass er sich auf eine bestimmte Gruppe – zum Beispiel Haifischzähne, Seeigel, Trilobiten oder Ammoniten – beschränkt. Das schließt natürlich niemals aus, dass man auch schöne Fossilien aus anderen Sammelgebieten in einem gewissen Rahmen in seine Sammlung einreiht, geschweige denn, dass man typische Gesteinshandstücke oder auch Mineralstufen aus den Fundschichten oder Fundorten, die einen interessieren, mitnimmt. Je enger begrenzt das Sammelgebiet und je höher die Qualität der Stücke ist, desto größer ist indes der Wert der Sammlung, sowohl für einen selbst als auch für kommende Sammler- und Wissenschaftlergenerationen.

9. Du sollst nicht nur auf Äußerlichkeiten achten.

Wer nur „schöne" und ästhetisch perfekte Fossilien anhäuft und alles, das irgendwie „angeschlagen" oder anderweitig nicht perfekt ist, wegwirft, wird niemals ein guter Sammler sein. Fossilien sind, obwohl vielfach von immenser Schönheit, in erster Linie Zeugen der Erd- und Lebensgeschichte, keine Kunstwerke oder Bilder, die man sich an die Wand hängt, und gerade zerfallene oder anderweitig nicht einwandfreie Fossilien sind vielfach diejenigen, die den größten wissenschaftlichen Wert besitzen. Ein zerfallener Fischsaurierschädel, an dem man jeden einzelnen Knochen im Detail studieren kann, ist wissenschaftlich weitaus „wertvoller" als so manches perfekte Museumsexemplar.

10. Du sollst niemals einen Wolpertinger basteln.

Das Schlimmste, das man als Fossiliensammler tun kann, ist, unvollständige Stücke mit Resten anderer Individuen zu ergänzen – womöglich so, dass man die Bearbeitung später kaum mehr erkennen kann. Viele kommerzielle Fossilienhändler taten dies schon vor hundert Jahren und manche tun es heute noch. Ein guter Sammler sollte niemals auf dieses Niveau herabsinken. Ein Originalfossil, auch wenn es nicht ganz vollständig ist, ist stets tausendmal wertvoller als der herrlichste Wolpertinger.

Glossar

Amaltheenton: Eine Gesteinsformation aus dem Unteren Jura Süddeutschlands, bekannt durch zahlreiche, meist goldglänzend pyritisierte oder in weißer Aragonitschale erhaltene Ammoniten der Familie Amaltheidae.

Ammoniten: Ausgestorbene Kopffüßer mit meist spiralig gewundenem, oberflächlich schneckenartigem Gehäuse. Verbreitet vom Erdaltertum (Unterdevon) bis ans Ende des Erdmittelalters (Oberkreide).

Apatit: Calciumphosphat. Die Knochen und Zähne der meisten Wirbeltiere bestehen aus diesem Material, auch ihre Fossilien.

Arietenkalk: Eine Gesteinsformation des Unteren Juras in Süddeutschland und angrenzenden Gebieten. Bei Sammlern berüchtigt wegen der Härte der sandigen Kalksteine, berühmt für die Größe der darin enthaltenen Ammoniten aus der Familie der Arietitidae.

Brauner Jura: In Süddeutschland die Bezeichnung für die Schichten des Mittleren Juras, die vielfach aus braun gefärbten Sandsteinen oder Eisenoolithen bestehen.

Calcit: Kalkspat, eine Modifikation des Calciumkarbonats. Meist durchscheinendes oder weißes Mineral, aus dem zahlreiche Fossilien bestehen. Säureempfindlich.

***Carcharocles megalodon*:** Der vermutlich größte räuberische Hai der Erdgeschichte, während weiter Teile der Erdneuzeit in allen Weltmeeren verbreitet. Entfernt mit dem großen Weißen Hai verwandt.

Dachschädellurche: Eine Gruppe ausgestorbener Amphibien, wissenschaftlich Temnospondyli, die vom Erdaltertum (Unterkarbon) bis ins Erdmittelalter (Unterkreide) verbreitet waren. Zu ihnen gehören mit den bis über 5 Meter langen Mastodonsauriern aus der Trias die größten Lurchtiere der Erdgeschichte.

Hämatit: Eisenoxid. Ein rotes bis schwarzrotes Mineral, aus dem viele Fossilien bestehen oder mit dem sie überzogen bzw. verkrustet sind. An der Luft stabil und nicht durch „Ausblühen" gefährdet.

Hunsrückschiefer: Ein schiefriger Tonstein aus dem Unterdevon des Hunsrücks, bekannt durch vorzüglich erhaltene, meist pyritisierte Fossilien von zum Beispiel Seelilien, Trilobiten und Panzerfischen.

Lettenkeuper: Die meistens aus Ton („Letten") bestehenden Ablagerungen des Unteren Keupers (späte Mitteltrias) in Süddeutschland und benachbarten Gebieten, berühmt für zahlreiche Saurierfunde.

Limonit: Eisenhydroxid, ein ockerfarbenes bis rötliches Mineral, unter Sauerstoffzutritt stabil. Fossilien, die aus Limonit bestehen, sind nicht wie solche, die aus Pyrit und Markasit bestehen, durch „Ausblühen" gefährdet. Limonit ist ein natürliches Oxidationsprodukt des Pyrits. Viele Pyritfossilien weisen daher nur eine dünne äußere Limonitschicht auf.

Markasit: Speerkies, eine Modifikation des Eisenbisulfids, unter Sauerstoffzutritt instabil. Fossilien, die aus diesem Mineral bestehen, sind extrem gefährdet, durch Oxidationsprozesse zerstört zu werden.
Molasse: Abtragungsgesteine der sich auffaltenden Alpen aus dem mittleren Tertiär (Oligozän und Miozän) in Süddeutschland und angrenzenden Gebieten. Berühmt sind vor allem die zahllosen Funde von Haifischzähnen aus den Sanden der oberen Meeresmolasse.
Opalinuston: Eine Gesteinsformation aus dem frühen Mitteljura Süddeutschlands, berühmt durch die mit teilweise opalisierender Originalschale erhaltenen Ammoniten der Art *Leioceras opalinum*.
Posidonienschiefer: Eine Gesteinsformation des Unteren Juras in Deutschland, bekannt wegen der vorzüglichen Erhaltung ihrer Fossilien, darunter Fischsaurier, Seelilien und Ammoniten.
Pyrit: Schwefelkies, eine Modifikation des Eisenbisulfuids. Goldglänzendes, unter Sauerstoffzutritt metastabiles Mineral, aus dem zahlreiche Fossilien, insbesondere aus Tonsteinen und Mergeln, bestehen.
Schwarzer Jura: In Süddeutschland die Bezeichnung für die meist tonig-mergeligen und dunkel gefärbten Schichten des Unteren Juras.
Seelilien: Auch Crinoiden oder Haarsterne genannt. Eine Gruppe von äußerlich blumenähnlichen Stachelhäutern, die insbesondere im Erdaltertum und Erdmittelalter weit verbreitet war. Die Tiere lebten meist als Filtrierer am Boden oder festgewachsen an Treibhölzern.
Solnhofener Plattenkalk: Eine Gesteinsformation mit hochreinen, plattigen Kalken aus dem späten Oberjura von Franken. Berühmt durch vorzüglich erhaltene Fossilfunde, darunter der älteste bekannte Vogel, *Archaeopteryx*.
Stratigrafie: Eine Teildisziplin der Geologie, die sich mit der Schichtenabfolge der Ablagerungsgesteine und ihrer Altersdatierung, oft mithilfe von Fossilien (Biostratigrafie), befasst.
Trilobiten: Gruppe der Gliederfüßler, auch „Dreilappkrebse“ genannt, die im gesamten Erdaltertum weltweit verbreitet war und an dessen Ende ausstarb.
***Tyrannosaurus*:** Gattung räuberischer Dinosaurier (Theropoden) aus der Oberkreide Nordamerikas. Mit bis zu 12 Metern Länge eines der größten Landraubtiere aller Zeiten.
Weißer Jura: In Süddeutschland die Bezeichnung für die meist kalkigen und hell gefärbten Schichten des Oberen Juras.

Beispiele für ein Etikett und eine Inventarbucheintragung

Etikett

Am/21/1992

Amaltheus magaritatus
Amaltheenton-Formation (Lias delta)
Bisingen

Inventarbucheintragung

Am/21/1992

Odnung: Ammonitina
Familie: Amaltheidae
Gattung. *Amaltheus*
Art: *Amaltheus margaritatus* De Montfort, 1808

Pyritisierter Steinkern des Phragmokons, Durchmesser: 38 mm.

Fundort: B-27 Straßenbaustelle bei Bisingen, Zollernalbkreis, Baden Württemberg.

Fundschicht: Untere Amaltheenton-Formation, fette Tonsteine der *subnodosus*-Subzone der *margaritatus*-Zone (Lias delta 1 a), ca. 4 Meter über der Grenze zur Numismalismergel-Formation, lose aufgesammelter Haldenfund.

Funddatum: 23.5.1992

Präparation: mechanisch (Skalpell, Präpariernadel), chemisch (Essigessenz), mit Steinpflegemittel imprägniert.

Danksagung und Autoren

Für vielseitige Unterstützung, Hilfe und Anregungen vor, während und nach der Zusammenstellung dieser kleinen Schrift gilt der Dank der Autoren Volker Geis, Per Jeisecke, Martin Kapitzke, Heike Kranitzki, Hans Luginsland, Fritz Lörcher, Renate und Willi Maisch, Dr. Andreas Matzke, Angélique Salfinger-Maisch, Gisela und Kurt Müller, Andreas Radda, Michael Schwickert und Henrik Stöhr.

Dr. habil. Michael W. Maisch ist nach Tätigkeiten an der Universität Tübingen und am staatlichen Museum für Naturkunde Stuttgart freiberuflicher Paläontologe. Seit 2009 ist er einer der Herausgeber der Zeitschrift Fossilien. Sein wissenschaftliches Hauptinteresse gilt den fossilen Wirbeltieren, vor allem den Sauriern, und den Fossilien des Schwäbischen Juras.

Werner Fink stammt aus dem Saarland. Nach einer Ausbildung im Metallbereich absolvierte er ab 1998 die Ausbildung zum geowissenschaftlichen Präparator in Bochum, die er 2001 mit der Staatlichen Prüfung beendete. Seitdem hat er in verschiedenen Instituten und Werkstätten umfangreiche Erfahrungen als Präparator gesammelt. Er lebt heute in Rheinland-Pfalz bei Kaiserslautern und arbeitet als selbstständiger Dienstleister.